確率論の基礎
[新版]

確率論の基礎

[新版]

伊藤 清

岩波書店

新版への序

このたび，たまたま機会があって，60年前に著した『確率論の基礎』が，漢字や仮名遣いを現代表記に改めた新版として，同じ岩波書店から刊行されることになった．この分野におけるその後の大きい発展を知る数学者の一人として，また，その発展の一端を担ったことを自負する者として，このような旧著が如何なる意味を持ち得るかは，はなはだ心許ないところである．

しかし，いわゆる戦中戦後の出版事情を反映した装丁の旧版を座右にして確率解析を学び，その後の発展を共に担った方々から，新版発刊の提案をいただき，このたびの機会を得たことは，著者として稀有の幸せと考えざるを得ない．なかでも池田信行，渡辺信三の両氏には，著者に代わって周到な改訂作業を担当していただき，また，岩波書店の吉田宇一氏には格別のお手数を煩わした．ここに記して心からの感謝を捧げたい．

装い新たな本書が，近年のより広範な関心に応え，何がしか資するところがあれば望外の喜びである．

2004年春　京都にて　　　　著　　者

初版への序

数学の他の分科に比して確率論の発展は極めて緩慢であった．それは確率を数学的に明確に表現する方法がつかまえられなかったからである．しかるに集合論，抽象空間論等の発展の結果，極めて鮮やかな表現方法が得られた．それによれば

“確率とは，ルベーグ測度である．”

この言葉ほど確率の数学的本質を突いたものはない．

今まで明瞭な定義をしないで用いられていた確率変数，事象，等という言葉は，この立場に立って始めて明確な表現を得た．確率変数は可測関数で，事象は可測集合である．

かかる考え方は最近二,三十年来次第に熟してきたものであるが，これを明確に表明したのは A. Kolmogorov の功績である．

本書はこの新しい意味の確率論における基本事項を紹介し，兼ねてこの立場によって具体的な問題を解く時いかなる方法をとるべきかを示すことを目的とした．

本書を草するにあたっては，彌永昌吉先生の御懇篤な御指導と，北川敏男氏と畏友河田敬義氏から得た数多き示唆に負うところが多い．また吉田耕作先生に校正刷を見ていただき，本質的な誤りを注意していただいた点も少なくない．なお岩波書店の方々特に布川角左衛門氏，黄寿永氏，並びに精興社の方々にいろいろ御手数を煩わした．ここに深甚なる感謝の意を表する．

1944 年秋　東京にて　　　　　　　　　　　　　著　　者

目　次

第1章

確率論における基本概念

§1　確率空間の定義

確率的考察を数学的に論ずるための出発点は確率空間である．確率空間の定義をする前に測度論で用いられる言葉を思い起そう．

抽象空間　集合の別名である．実数全体の集合，n 次元のベクトル空間にユークリッドの距離を入れたものも抽象空間の一種である．本書ではこれをそれぞれ $\mathbb{R}$, $\mathbb{R}^n$ なる記号であらわす．

完全加法族　ある抽象空間の部分集合の系があって，それが次の三条件を満す時，これをその抽象空間の完全加法族という．

1°　その抽象空間それ自身を元として持つ．今その空間を Ω，問題の集合系を $\mathcal{F}$ とすれば，

$$\mathcal{F} \ni \Omega.$$

2°　$\mathcal{F}$ に属する可算無限個の元（Ω の集合）の和集合もまた $\mathcal{F}$ に属する．記号的には

$$E_1, E_2, E_3, \cdots \in \mathcal{F} \text{ ならば } \bigcup_{k=1}^{\infty} E_k \in \mathcal{F}.$$

3°　$\mathcal{F}$ に属する元（集合）の余集合もまた $\mathcal{F}$ に属する．すなわち $E \in \mathcal{F}$ ならば $\Omega - E \in \mathcal{F}$.

この三条件から次のことが導かれる．

4°　空集合(以後 $\varnothing$ であらわす)も $\mathcal{F}$ に属する．3° において $E=\Omega$ と置いてみればよい．

5°　$E_1, E_2, E_3, \cdots \in \mathcal{F}$ ならば $\bigcap_{k=1}^{\infty} E_k \in \mathcal{F}$.

恒等式：$\bigcap_{k=1}^{\infty} E_k = \Omega - \bigcup_{k=1}^{\infty} (\Omega - E_k)$ に注意して 2°, 3° を用いればよい．

6°　$E_1, E_2 \in \mathcal{F}$ ならば $E_1 \cup E_2$, $E_1 \cap E_2$, $E_1 - E_2 \in \mathcal{F}$：

$$
\begin{aligned}
E_1 \cup E_2 &= E_1 \cup E_2 \cup \varnothing \cup \varnothing \cup \varnothing \cup \cdots, \\
E_1 \cap E_2 &= E_1 \cap E_2 \cap \Omega \cap \Omega \cap \Omega \cap \cdots, \\
E_1 - E_2 &= E_1 \cap (\Omega - E_2)
\end{aligned}
$$

を思い起せばよい．

Ω の完全加法族は必ずしも一つではない．$(\Omega, \varnothing)$ は最小のものであり，Ω のすべての部分集合の集合は最大のものである．Ω の完全加法族の集合がある時，それらの共通部分はやはり Ω の完全加法族である．

Ω の部分集合の系がある時，この系を含む Ω の完全加法族のうち最小なものがある．これを**この系が定める完全加法族**という．例えば $\mathbb{R}$ のすべての区間の系の定める完全加法族はボレル集合の系である．また両端が有理数なる区間の系の定める完全加法族も同じくボレル集合の系である．$\mathbb{R}$ の上の完全加法族の選び方はいくらもあるが，このボレル集合の系が最も有用である．

空間 Ω に，Ω の部分集合から成るある完全加法族 $\mathcal{F}$ を結びつけて考える時，空間 $(\Omega, \mathcal{F})$ ということにする．しかしながら Ω が $\mathbb{R}$ である場合には，$\mathcal{F}$ は $\mathbb{R}$ のボレル集合の系 $\mathcal{B}$ をとるのが普通で，$(\mathbb{R}, \mathcal{B})$ と書く代りに単に $\mathbb{R}$ としておくことも多い．$\mathbb{R}^n$ の場合にも，そのボレル集合の系 $\mathcal{B}^n$ を添えて $(\mathbb{R}^n, \mathcal{B}^n)$ とする代りに $\mathbb{R}^n$ とする．また Ω が可分な距離空間 D である場合にも，D の近傍系の定める完全加法族を D に結びつけた時には，単に D にてあらわすことにする．

測度　Ω なる抽象空間の上に $\mathcal{F}$ なる完全加法族が与えられているとする．今 Ω の上の集合関数 m があって

1°　m の定義領域は $\mathcal{F}$ である．

2°　すべての $E \in \mathcal{F}$ に対して $m(E) \geqq 0$.

3°　m は完全加法的である，すなわち $E_1, E_2, \cdots$ を互いに共通点を持たない集合の列とする時，常に次式が成立するとする：

$$m\left(\bigcup_{i=1}^{\infty} E_i\right) = \sum_{i=1}^{\infty} m(E_i).$$

この時，m を $(\Omega, \mathcal{F})$ の上の**測度**という．Ω が $\mathbb{R}^n$ の時には $\mathcal{F}$ として普通ボレル集合の系をとり，この時には $\mathbb{R}^n$ の上の測度という*.

さて最初に掲げた確率空間の定義を与えよう．

定義 1.1　抽象空間 Ω の上に完全加法族 $\mathcal{F}$ が定められているとする．$(\Omega, \mathcal{F})$ の上の測度 P が

$$P(\Omega) = 1$$

を満足する時，P を $(\Omega, \mathcal{F})$ の上の**確率測度**といい，$E \in \mathcal{F}$ の時，$P(E)$ を E の確率または E の $\boldsymbol{P}$-**測度**という．

Ω に $\mathcal{F}$ および P を結びつけて考える時，**確率空間** $(\Omega, \mathcal{F}, P)$ という．

§2　確率空間の実際的意味

推論のみに興味を持つ人は別として，以下に現われる定理の意味を把握したい人のために，前節に定義した抽象的な確率空間が実際の確率的考察にいかに結びつくかを説明することは無駄ではあるまい．

およそ確率的考察なるものは次の三段階に分れる．

第 1 段　試行　例　サイコロを投げること．黒球 6 個，白球 4 個入った壺より 1 個の球を取り出すこと，等．

第 2 段　標識の設定　試行の結果を明確に脳裏に描くためには，この結果をどの程度まで精密に考えるかをあらかじめ定める必要がある．サイコロを投げる場合でいうと，徳川時代の賭博者達が考えたように，単に偶数(丁)か奇数(半)かを区別すればよいのか，双六遊びのように，サイコロの目そのものまで問題にすべきかを定めなければならない．この目的のために標識を用

*　測度に関しては高木先生 "解析概論" 第 9 章を参照されたい．

いる．すなわちある空間 Ω——$\mathbb{R}$ でも，$\mathbb{R}^n$ でも，さらに一般に抽象空間でもよい——を定めておき，試行の結果に空間 Ω の点を対応させ，その点を脳裏に描くようにする．これがすなわち**標識**である．上例の賭博者の場合は $\Omega=\{$丁,半$\}$ である．双六の時には $\Omega=\{1,2,3,4,5,6\}$ である．

標識に関して注意すべきことは

1°　Ω のいずれの点にも対応しない現象は起らない．

2°　Ω の二つ以上の点が対応するような現象も起らない．

3°　Ω の中には現象に対応しない点があってもかまわない．例えば双六の例で $\Omega=\mathbb{R}$ としておいてもよい．$1,2,3,4,5,6$ 以外の点は現象に対応しない．

ここにいう Ω が，確率空間 $(\Omega,\mathcal{F},P)$ の Ω に相当するわけである．

第3段　確率の導入　以上のごとく考えれば，試行の結果に関して，その起り易さの程度を定めることは，実は Ω に確率測度 P を導入することにほかならない．その方法としては「**同程度の起り易さ**」を基礎とするもの，**頻度**によるもの等があるが，いずれにせよ，P は前節に述べた確率測度の条件を満足する．ただ完全加法性をもつかどうかは分からないので，単に**有限加法性**：

E_1 と E_2 とが共通点を持たないならば

$$P(E_1\cup E_2)=P(E_1)+P(E_2)$$

が検証されるに過ぎない．これは**全確率の原理**と呼ばれるものであるが，これから

$E_1,E_2,\cdots,E_n$ が互いに共通点のない集合ならば

$$P(E_1\cup E_2\cup\cdots\cup E_n)=P(E_1)+P(E_2)+\cdots+P(E_n)$$

なることは自然に導かれる．有限加法性の名もまたここにある．

これからは完全加法性は形式論理のみでは出てこない．確率の完全加法性を出発点において仮定するのは，数学における理想化である．この理想化が現実と相反するものでなく，むしろこれに合致したものであることはおいおい理解し得られるであろう．

以上三段階の考察を総合して，確率空間 $(\Omega,\mathcal{F},P)$ が得られる．

§3　確率測度の簡単な性質

$(\Omega, \mathcal{F}, P)$ を確率空間とする．E を Ω の任意の部分集合とする時

$$\bar{P}(E) = \inf\{P(E'); E' \supset E, E' \in \mathcal{F}\},$$
$$\underline{P}(E) = \sup\{P(E'); E' \subset E, E' \in \mathcal{F}\}$$

と定義し，$\bar{P}(E) = \underline{P}(E)$ なる E を **P-可測**と呼ぶ．P-可測なる集合の全体 $\mathcal{F}'$ は完全加法族で，$\mathcal{F}' \supset \mathcal{F}$．$P$-可測なる集合 E に対して $\bar{P}(E)$――あるいは $\underline{P}(E)$ というも同じ――を再び $P(E)$ にてあらわせば，これは $(\Omega, \mathcal{F}')$ 上の確率測度で，もとの $P(E)$ の拡張になっている．かかる拡張は常に可能であるから，以後 $(\Omega, \mathcal{F})$ 上の確率測度 P といえば，このようにして拡張されたものを考えることに約束する．

定義 3. 1　一点 ω から成る集合――以後 $\{\omega\}$ にてあらわす――についてその確率 $P(\{\omega\})$ が正ならば，ω を P の**不連続点**という．

系　不連続点の集合は高々可算である．

定義 3. 2　不連続点全体の集合 C に対して $P(C) = 1$ ならば，P を**純粋不連続**な確率測度という．

例　Ω を $\mathbb{R}$ として，$\mathcal{F}$ を $\mathbb{R}$ のボレル集合の系とする．

$$p_k = e^{-\eta}\frac{\eta^k}{k!} \qquad (k = 0, 1, 2, \cdots);$$
$$P(E) = \sum_{k \in E} p_k \qquad (E \in \mathcal{F})$$

と定義すれば，P は純粋不連続な確率測度である．この場合 Ω の任意の部分集合が P-可測である．かかる P を**ポアソン分布**という．

定義 3. 3　不連続点を持たない確率測度を**連続**という．

例　実数軸 $\mathbb{R}$ 上の区間 $[a, b]$ を Ω とし，$\mathcal{F}$ をこの区間に属するボレル集合の系とする．今 $E\,(\in \mathcal{F})$ に対して

$$P(E) = \frac{m(E)}{b - a} \quad (m \text{ はルベーグ測度})$$

と定義すれば，P は $(\Omega, \mathcal{F})$ 上の連続な確率測度である．かかる P を $[a, b]$ の上の**一様分布**と呼ぶことがある．

以上の定義は$(\Omega,\mathcal{F})$が全く一般的な場合にも考え得るものであるが，$(\Omega,\mathcal{F})$がもう少し特殊化されて，$(\Omega,\mathcal{F})$の上に測度mがあらかじめ与えられている場合にしばしば遭遇する．例えばΩがn次元のユークリッド空間$\mathbb{R}^n$で，$\mathcal{F}$がその上のボレル集合の系である場合には，mとしてルベーグ測度が与えられている．このような場合に，$(\Omega,\mathcal{F})$の上の確率測度Pをmに関連させて考察する時，次の定義を得る．

定義 3.4　$m(N)=0$ならば必ず$P(N)=0$の時，Pは$\boldsymbol{m}$**に関して絶対連続**あるいは**絶対連続**$(\boldsymbol{m})$または誤解のおそれない時には単に**絶対連続**という．

測度論でよく知られた定理によって

定理 3.1　（ラドン-ニコディム(Radon-Nikodym)の定理）　Ωが有限なるm-測度を有する集合の可算個の集合和としてあらわされるならば，絶対連続(m)なる確率測度Pは積分表示(m)が可能である．すなわち任意の$E\in\mathcal{F}$に対して

(1)　$P(E)=\int_E f(\omega)m(d\omega)$,

ここに$f(\omega)$はΩの上の積分可能(m)な点関数で

(2)　$\int_\Omega f(\omega)m(d\omega)=1$,

(3)　ほとんどいたるところ(m)で$f(\omega)\geqq 0$.

逆にこの二条件(2), (3)を満足する積分可能(m)なる関数$f(\omega)$により，(1)式で$P(E)$を定義すれば$(\Omega,\mathcal{F})$の上の絶対連続(m)な確率測度Pが得られる．

また(1)を満足する$f(\omega)$はΩの上でm-測度0を除いて一義的に定まる．すなわち二つ——$f_1(\omega)$, $f_2(\omega)$——ありとすれば

$$m(E\{\omega;\, f_1(\omega)\neq f_2(\omega)\})=0.$$

定義 3.5　上の定理の$f(\omega)$を絶対連続な確率測度Pの**確率密度**という．

例1　区間$[a,b]$上の一様分布は絶対連続で，その確率密度は恒等的に$\dfrac{1}{b-a}$である．

例2　**ガウス分布**．　Ωとして実数空間$\mathbb{R}$をとる時，

$$f(\omega)=\frac{1}{\sqrt{2\pi}\,\sigma}e^{-\frac{1}{2\sigma^2}(\omega-m)^2}\quad(\sigma>0,\ m\text{ は実数})$$

が上述の条件(2),(3)を満足していることは容易に検証される．この $f(\omega)$ を確率密度とする確率測度が $\mathbb{R}$ の上のガウス分布である．

例 3　**$\mathbb{R}^n$ 上のガウス分布．**　$\mathbb{R}^n$ 上の点関数 $f(\xi_1,\xi_2,\cdots,\xi_n)$ を次式で定義する．

$$f(\xi_1,\xi_2,\cdots,\xi_n)=\frac{\sqrt{\Delta}}{\pi^{\frac{n}{2}}}\exp\Big\{-\sum_{ij}a_{ij}(\xi_i-m_i)(\xi_j-m_j)\Big\}.$$

ただし a_{ij},m_i はいずれも実数で，$\sum\limits_{ij}a_{ij}(\xi_i-m_i)(\xi_j-m_j)$ は正の定符号対称二次形式であるとする．Δ は行列式 $|a_{ij}|$ をあらわす．

$f(\xi_1,\xi_2,\cdots,\xi_n)$ が $\mathbb{R}^n$ 上のルベーグ測度に関して可測でかつ常に正数値をとることは明らかである．次に

$$\int_{-\infty}^{\infty}\cdots\int_{-\infty}^{\infty}f(\xi_1,\xi_2,\cdots,\xi_n)d\xi_1d\xi_2\cdots d\xi_n=1$$

を証明しよう．行列 $\{a_{ij}\}$ の特有根を $\lambda_1,\lambda_2,\cdots,\lambda_n$ とすれば仮定により $\lambda_i>0\,(i=1,2,\cdots,n)$．適当な合同変換：$(\xi_1,\xi_2,\cdots,\xi_n)\to(\xi_1',\xi_2',\cdots,\xi_n')$ により

$$\sum_{i=1}^{n}\sum_{j=1}^{n}a_{ij}(\xi_i-m_i)(\xi_j-m_j)=\sum_{i=1}^{n}\lambda_i\xi_i'^2.$$

また合同変換では，体積は不変なるゆえ

$$d\xi_1d\xi_2\cdots d\xi_n=d\xi_1'd\xi_2'\cdots d\xi_n'.$$

ゆえに

$$\begin{aligned}
&\int_{-\infty}^{\infty}\cdots\int_{-\infty}^{\infty}f(\xi_1,\xi_2,\cdots,\xi_n)d\xi_1d\xi_2\cdots d\xi_n\\
&=\frac{\sqrt{\Delta}}{\pi^{\frac{n}{2}}}\int_{-\infty}^{\infty}\cdots\int_{-\infty}^{\infty}\exp\Big(-\sum_{1}^{n}\lambda_i\xi_i'^2\Big)d\xi_1'd\xi_2'\cdots d\xi_n'\\
&=\frac{\sqrt{\Delta}}{\pi^{\frac{n}{2}}}\prod_{i=1}^{n}\int_{-\infty}^{\infty}e^{-\lambda_i\xi_i'^2}d\xi_i'\\
&=\frac{\sqrt{\Delta}}{\pi^{\frac{n}{2}}}\prod_{i=1}^{n}\frac{\sqrt{\pi}}{\sqrt{\lambda_i}}=\frac{\sqrt{\Delta}}{\sqrt{\lambda_1\lambda_2\cdots\lambda_n}}.
\end{aligned}$$

さて $\lambda_1,\lambda_2,\cdots,\lambda_n$ が行列 $\{a_{ij}\}$ の特有根なることに注意すれば，

$$\Delta=\lambda_1\lambda_2\cdots\lambda_n$$

なるゆえ，上の最後の式は 1 に等しい．

これで $f(\xi_1,\xi_2,\cdots,\xi_n)$ が確率密度の条件を満していることがわかった．これによって定義される $\mathbb{R}^n$ 上の確率測度が $\mathbb{R}^n$ **上のガウス分布**である．

連続な確率測度であって，しかも絶対連続な確率測度と全く対照的なものは特異なる確率測度である．すなわち

定義 3.6　m が連続な測度であって，$m(N)=0$ かつ $P(N)=1$ なる集合 N が存在する時，P を m に関して**特異なる確率測度**という．

例　区間 $I=[0,1]$ を 3 等分して中央の部分を I_1 とする．$x\in I_1$ ならば，$g(x)=\dfrac{1}{2}$ と定義する．

$I-I_1$ は長さ $\dfrac{1}{3}$ の線分 2 個から成るが，この各々を 3 等分して，その中央の部分をそれぞれ I_2, I_3 とする．$x\in I_2$ ならば $g(x)=\dfrac{1}{4}$，$x\in I_3$ ならば $g(x)=\dfrac{3}{4}$ と定義する．

$I-I_1-I_2-I_3$ は長さ $\dfrac{1}{9}$ の線分 4 個から成るが，この各々を 3 等分してその中央の部分をそれぞれ I_4, I_5, I_6, I_7 とし，$x\in I_4$ ならば $g(x)=\dfrac{1}{8}$，$x\in I_5$ ならば $g(x)=\dfrac{3}{8}$，$x\in I_6$ ならば $g(x)=\dfrac{5}{8}$，$x\in I_7$ ならば $g(x)=\dfrac{7}{8}$ とする．

かくて第 n 回目には $I_{2^{n-1}}, I_{2^{n-1}+1}, I_{2^{n-1}+2}, \cdots, I_{2^n-1}$ なる線分を得るが，$x\in I_i$ ならば $g(x)=\dfrac{2(i-2^{n-1})+1}{2^n}$ と定義する．

これを無限に続けるならば，$g(x)$ は $\bigcup_{i=1}^{\infty} I_i$ の上で定義され，その上で，$g(x)$ は単調非減少であり，また明らかに

$$|x-y|<\frac{1}{3^n} \quad \text{ならば} \quad |g(x)-g(y)|<\frac{1}{2^n}$$

であるから，$g(x)$ は $\bigcup_{i=1}^{\infty} I_i$ の上では一様連続である．$\bigcup_{i=1}^{\infty} I_i$ は I の上でいたるところ稠密なるゆえ，$g(x)$ を拡張して，I 上で単調非減少かつ連続な関数 $g(x)$ を定義することができる．

今 I の上の確率測度 P を

$P(E)=m(g(E))$　（m はルベーグ測度，$g(E)$ は集合 E の g による像）

と定義する．$g(I_i)\ (i=1,2,\cdots)$ は定義により一点から成る集合なるゆえ $P(I_i)=m(g(I_i))=0$．ゆえに $P\left(\bigcup_{i=1}^{\infty} I_i\right)=0$．$N=I-\bigcup_{i=1}^{\infty} I_i$ とすれば，N はいわゆるカントルの零集合で $m(N)=0$．しかるに

$$P(N) = P(I) - P\left(\bigcup_{i=1}^{\infty} I_i\right) = 1 - 0 = 1.$$

ゆえに P は特異なる確率測度である．

以上において，純粋不連続な確率測度，絶対連続な確率測度，特異なる確率測度という三種の特別なものを定義したが，次の(これも測度論で知られた)定理により，一般の確率測度はこの三種のものを組合せて構成されるのである．

定理 3.2 （ルベーグの分解）　m を $(\Omega, \mathcal{F})$ 上の連続な測度とし，Ω は有限な m-測度を有する可算個の集合の和としてあらわされるとし，P を $(\Omega, \mathcal{F})$ 上の確率測度とすれば，

$$P = \lambda_1 P_1 + \lambda_2 P_2 + \lambda_3 P_3, \quad \lambda_1 \geqq 0,\ \lambda_2 \geqq 0,\ \lambda_3 \geqq 0,\ \lambda_1 + \lambda_2 + \lambda_3 = 1$$

なる実数の組 $\lambda_1, \lambda_2, \lambda_3$ および純粋不連続な確率測度 P_1，絶対連続 (m) なる確率測度 P_2，特異 (m) なる確率測度 P_3，が存在する．ただし一点から成る集合は皆 $\mathcal{F}$ に属すると仮定する．

またかかる表示は P に対して一義的に定まる．

定義 3.7　上の P_1, P_2, P_3 をそれぞれ P の**不連続な部分**，**絶対連続な部分**，**特異なる部分**という．

§4　事象，条件，推定

確率論でしばしば用いられる言葉に，ある事象の(起る)確率，ある条件の(満される)確率，ある推定の(正しい)確率というのがある．事象，条件，推定という言葉は実は同じものを異なった面から見たに過ぎない．**事象**というのは，ある試行の結果として起る現象に着目した言葉であり，**条件**は事象を論理的に特徴付けるものであり，**推定**はある事象の生起に対する主張である．しからばこれらは数学的にいかに表現されるであろうか．いずれにしても同じことであるから，条件について説明する．

2節に説明したようにして，問題の確率的考察に関して，確率空間 $(\Omega, \mathcal{F}, P)$ が得られたとする．今 $\omega (\in \Omega)$ なる標識が実現された場合に C なる条件が満

されるならば，ω は C にとって**都合のよい点**であるという．逆に，同じ前提の下で C なる条件が満されない時には，ω は C にとって**都合の悪い点**であるという．両者のいずれでもない時，ω を**中立の点**ということにしよう．C にとって都合のよい点の集合を G，都合の悪い点の集合を U，中立の点の集合を N とする時，G が P-可測で，$P(N)=0$ であるならば——この時には当然 U も P-可測となる——C は $(\Omega,\mathcal{F},P)$ の上で**表現可能**であるといい，集合 G を C の $(\Omega,\mathcal{F},P)$ 上の表現という．

注意　Ω の二つの集合があって，$P((E_1-E_2)\cup(E_2-E_1))=0$ の時，E_1 と E_2 とは**同等** $(\boldsymbol{P})$ であるといい，$E_1\sim E_2(P)$ にてあらわす．測度論におけると同様に確率論においても，かかる E_1,E_2 を区別することはなんら利益がないのみならず，時には不便さえも伴う．それゆえ，以後同等な集合は同一視し，一つの集合が定まるというのも，この立場においていうことにする．しからば上述 C の表現は G でも，$G+N$ でも，また G と $G+N$ との間の集合でもよいわけである．

例　サイコロを投げて $1,2,4,5$ の目が出た時には，それぞれ目の数を付し，3 または 6 の目が出た時には 0 という記号を付することにすると，実数の標識が得られる．この考察に対する確率空間を考えると Ω は実数空間 $\mathbb{R}$ であり，$\mathcal{F}$ は $\mathbb{R}$ のボレル集合の系 $\mathcal{B}$ であり，P は次のように定義される．

$$P(\{0\})=\frac{2}{6},\quad P(\{1\})=P(\{2\})=P(\{4\})=P(\{5\})=\frac{1}{6}.$$

一般に

$$P(E)=\sum_{k\in E}P(\{k\}).$$

今 C を「3の倍数の目が出る」という条件とすると，上述の G,U,N は

$$G=\{0\},\quad U=\{1,2,4,5\},\quad N=\mathbb{R}-G-U$$

にて示される．

$P(N)=0$，$P(G)=\dfrac{2}{6}$ なるゆえ，G は条件 C の表現である．

もしも C を「偶数の目が出る」という条件とすると

$$G=\{2,4\},\quad U=\{1,5\},\quad N=\mathbb{R}-G-U.$$

$P(N)=P(\{0\})=\dfrac{2}{6}>0$ なるゆえ，C はこの確率空間 $(\mathbb{R},\mathcal{B},P)$ の上では表現できない．

Ω の部分集合による条件の表現は次に述べる対応関係があるため，一層便利である．C なる条件の表現を $\bar{C}$ とすると，

1°　C が成立しない $\longleftrightarrow \bar{C}=\varnothing$（前の注意により，空集合という代りに P-測度 0 の集合といってもよい），

2°　C が常に成立する $\longleftrightarrow \bar{C}=\Omega$（または上と同様に $P(\bar{C})=1$ といってもよい），

3°　C_1 ならば $C_2 \longleftrightarrow \bar{C}_1\subset\bar{C}_2$,

4°　C_1 は C_2 の必要かつ充分な条件である $\longleftrightarrow \bar{C}_1=\bar{C}_2$,

5°　C_1 または $C_2 \longleftrightarrow \bar{C}_1\cup\bar{C}_2$,

6°　C_1 かつ $C_2 \longleftrightarrow \bar{C}_1\cap\bar{C}_2$,

7°　C の否定 $\longleftrightarrow \Omega-\bar{C}$.

従って条件に関する論理的関係が Ω の部分集合に関する集合論的関係に翻訳される．この翻訳が確率の計算に非常に役立つのである．

§5　確率変数の定義

定義 5.1　$(\Omega,\mathcal{F},P)$ を確率空間とし，Ω_1 を任意の抽象空間，$\mathcal{F}_1$ をその部分集合の完全加法族とする．$(\boldsymbol{\Omega},\boldsymbol{\mathcal{F}},\boldsymbol{P})$ **の上の** $(\boldsymbol{\Omega}_1,\boldsymbol{\mathcal{F}}_1)$**-確率変数**とは Ω から Ω_1 への写像 x_1 で次の条件に適するものである．

任意の $E_1\in\mathcal{F}_1$ に対して ${x_1}^{-1}(E_1)$ が P-可測である．

写像 x がこの条件を満足する時，x は P-可測 $(\mathcal{F}_1)$ であるという．従って換言すれば $(\Omega,\mathcal{F},P)$ の上の $(\Omega_1,\mathcal{F}_1)$-確率変数とは Ω から Ω_1 への $\boldsymbol{P}$**-可測** $(\boldsymbol{\mathcal{F}}_1)$ **なる写像**である．

例 1　Ω を区間 $[0,1]$ とし，$\mathcal{F}$ をこの上のボレル集合の系とし，P を Ω の上の一様分布とする．Ω_1 を $\mathbb{R}$ とし，$\mathcal{F}_1$ をボレル集合の系 $\mathcal{B}$ とする．$[0,1]$ の上で定義されたルベーグの意味で可測な実関数 f は $(\Omega,\mathcal{F},P)$ 上の $(\Omega_1,\mathcal{F}_1)$-確率変数である．

例 2　公平に作られたサイコロを2回投げるという試行を考察するとき，確率空間 Ω の点は $(i,j)\,(i,j=1,2,3,4,5,6)$ である．その上の確率測度は空間の各点に $\dfrac{1}{36}$ なる確率を付与するような分布である．$\omega=(i,j)$ に対して $x(\omega)=i$ とすれば，x は第1回目に出る目をあらわす確率変数である．同様に第2回目に出る目は $y(\omega)=j$ なる確率変数 y にてあらわされる．

さて確率変数の実際的意味を説明しよう．それには $(\Omega,\mathcal{F},P)$ をある確率的考察に対応する確率空間と考えておく．今 x_1 が定義5.1の条件に適するものとする．標識 ω が実現された場合に，$x_1(\omega)$ なる標識を付することにすると，新しい標識が得られ，これは Ω_1 の点で示される標識である．Ω のいずれの点が実現されたかを判断し得る程度の精密な考察をすれば，当然この新しい標識が $x_1(\omega)$ によって定め得るから，この意味で

$x_1(\omega)$ はもとの標識よりも粗い標識である．

特に $x(\omega)=\omega$ なる x はもとの標識に対応するもので，これを**基本確率変数**という．

こういうふうに考えると $(x_1\in E_1)$ は「標識 x_1 が Ω_1 の部分集合 E_1 の中に落ちる」という条件をあらわしている．この条件の表現である Ω の部分集合は実は ${x_1}^{-1}(E_1)$ である．それゆえ今後 $(x_1\in E_1)$ をもって単に「x_1 が E_1 に属する」という条件をあらわすのみならず，時には $E\{\omega;\,x_1(\omega)\in E_1\}$，すなわち ${x_1}^{-1}(E_1)$ をあらわすことに約束する．これによって記号が必要以上に錯雑になるのを避けることができる．

定義 5.2　x_1 を $(\Omega,\mathcal{F},P)$ 上の $(\Omega_1,\mathcal{F}_1)$-確率変数とする時，P_1 を

$$P_1(E_1)=P(x_1\in E_1)\qquad (E_1\in\mathcal{F}_1)$$

と定義すると，x_1 が P-可測 $(\mathcal{F}_1)$ なることにより，P_1 は $(\Omega_1,\mathcal{F}_1)$ の上の確率測度である．これを **x_1 の確率法則**といい，P_{x_1} にてあらわす．また x_1 は **P_1 なる確率法則に従う**という．

Ω_1 に $\mathcal{F}_1, P_1$ を結びつけると，確率空間 $(\Omega_1,\mathcal{F}_1,P_1)$ が得られる．前に x_1 の実際的意味が標識であることを述べたが，この標識に関して確率空間を構成すると，実は $(\Omega_1,\mathcal{F}_1,P_1)$ が得られるのである．これを **x_1 を基本確率変数とした時の確率空間**という．$(\Omega,\mathcal{F},P)$ の上のある条件 C が x_1 のみに関係して

いる時には C を表現するのに Ω の部分集合 E をもってせず Ω_1 の部分集合 E_1 によることもできる．それゆえ E, E_1 等と書くより，条件のままで C と書いておいた方がよい場合もある．

確率変数の値域 Ω_1 には，その部分集合の完全加法族 $\mathcal{F}_1$ が定められていなければならない．Ω_1 の定め方はもちろん任意である．ただ Ω_1 に近傍系 U が定義されているような場合には，$\mathcal{F}_1$ として U の定める完全加法族，すなわち U を含む最小の完全加法族をとるのが普通で，この時には単に **$\boldsymbol{\Omega}_1$-確率変数**という．例えば Ω_1 が実数空間 $\mathbb{R}$ の場合には，**$\mathbb{R}$-確率変数**または**実確率変数**という．その場合 $\mathcal{F}_1$ に相当するものはボレル集合の系である．

同じ値域 $(\Omega_1, \mathcal{F}_1)$ を有する二つの確率変数 x_1, x_2 があって，$P(x_1 \neq x_2) = 0$ なる時には，x_1 と x_2 とは**同等 ($\boldsymbol{P}$)** であるといい，$x_1 \sim x_2(P)$ にてあらわす．前節の注意において，同等な集合を同一視したように，この場合においても，同等な確率変数の区別を無視することはやはり合理的である．一つの確率変数が定まるという意味も，今後はこういう立場において解釈する．$x_1 \sim x_2(P)$ ならば，任意の $E_1(\in \mathcal{F}_1)$ に対して，

$$(x_1 \in E_1) \sim (x_2 \in E_1)(P) \quad \text{すなわち} \quad {x_1}^{-1}(E_1) \sim {x_2}^{-1}(E_1)(P).$$

ゆえに $(x_1 \in E_1)$ なる条件を考えることは許される．また $P(x_1 \in E_1)$, Px_1 等も，x_1 をこれに同等 (P) なる x_2 に置きかえることにより変化しないから，これを考えることが許されるのである．簡単な場合にはいちいち断らないが，かかる注意は常に必要である．

注意　確率論でしばしば用いる概念に**偶然量**というのがある．これは確率的考察に現われる量で，偶然によってその値が定まるという意味で偶然量と呼ばれる．今この確率的考察に対応する確率空間を $(\Omega, \mathcal{F}, P)$ とする．今標識 $\omega \in \Omega$ が実現された時，ある偶然量 $\mathfrak{x}$ のとる値が一義的に定まるならば，ω にこの値を対応させることにより，$x(\omega)$ なる写像を得る．$x(\omega)$ が上述の P-可測性をもつ時には，$\mathfrak{x}$ は $(\Omega, \mathcal{F}, P)$ の上で**考察可能**であるといい，$x(\omega)$ を $\mathfrak{x}$ の**表現**であるという．

今 $\mathfrak{x}_1, \mathfrak{x}_2, \cdots, \mathfrak{x}_n$ をある確率的考察における実数値をとる偶然量とする時に，Ω として $\mathbb{R}^n$ をとり，$\omega = (\omega_1, \omega_2, \cdots, \omega_n) \in \mathbb{R}^n$ は $\mathfrak{x}_1 = \omega_1$, $\mathfrak{x}_2 = \omega_2$, $\cdots$, $\mathfrak{x}_n = \omega_n$

なる場合に対応させる．$\mathbb{R}^n$ の中に適当な確率測度 P を入れて確率空間を作る．$\omega=(\omega_1,\omega_2,\cdots,\omega_n)$ に対して

$$x_i(\omega)=\omega_i \quad (i=1,2,\cdots,n)$$

と定義すれば，x_i は $(\mathbb{R}^n,P)$ の上の実確率変数であって，$\mathfrak{x}_i$ の表現となる．

以上の説明によれば，偶然量というのは実際的な観念で，確率変数はその数学的表現である．しかしこれは筆者が説明の便宜上立てた区別で，普通は偶然量も確率変数も，ある時には実際的意味に，ある時には数学的概念として，用いられる．しかし本書では混乱を避けるために，この二つを区別して進みたいと思う．

§6　確率変数の結合，確率変数の関数

特に断らない限り，本節を通じて定まった確率空間 $(\Omega,\mathcal{F},P)$ の上で考えることにする．$x_i\,(i=1,2,3,\cdots)$ をそれぞれ $(\Omega_i,\mathcal{F}_i)$-確率変数とする．今 Ω' を $\Omega_1,\Omega_2,\Omega_3,\cdots$ の積空間としよう．次に $\mathcal{F}_i\,(i=1,2,\cdots)$ よりそれぞれ E_i を選び出そう．ただし E_i のうち高々有限個だけが Ω_i と異なるものとする．この時 $E_1,E_2,E_3,\cdots$ の積空間 E' を Ω' の**筒集合**という．Ω' の筒集合をすべて含む完全加法族のうち，最小のものを $\mathcal{F}'$ とする．今 Ω から Ω' への写像 $x'(\omega)$ を

$$x'(\omega)=(x_1(\omega),x_2(\omega),x_3(\omega),\cdots)$$

により定義すれば，x' は $(\Omega',\mathcal{F}')$-確率変数なることは容易に分かる．この x' を $\boldsymbol{x}_1,\boldsymbol{x}_2,\cdots$ **の結合**と呼び $(x_1,x_2,\cdots)$ または $(x_i\,;\,i=1,2,3,\cdots)$ にてあらわす．

また $x_i\sim\bar{x}_i(P)\,(i=1,2,\cdots)$ とすれば $(x_i\,;\,i=1,2,\cdots)\sim(\bar{x}_i\,;\,i=1,2,\cdots)(P)$ である．何となれば

$$\{(x_i\,;\,i=1,2,\cdots)\neq(\bar{x}_i\,;\,i=1,2,\cdots)\}=\bigcup_{i=1}^{\infty}(\bar{x}_i\neq x_i)$$

なるゆえ，これは P-可測で

$$P\Big(\bigcup_{i=1}^{\infty}(x_i\neq\bar{x}_i)\Big)\leqq\sum_{i=1}^{\infty}P(x_i\neq\bar{x}_i)=0+0+\cdots=0.$$

ゆえに可算個の確率変数の結合を考えることは許されるのである．

x_1 を $(\Omega_1,\mathcal{F}_1)$-確率変数，x_2 を $(\Omega_2,\mathcal{F}_2)$-確率変数とする．x_1 の確率法則を P_1 にてあらわす．Ω_1 から Ω_2 への P_1-可測 $(\mathcal{F}_2)$ なる写像 f があって，任意の $\omega\in\Omega$ に対して

$$f(x_1(\omega))=x_2(\omega)$$

が常に成立する時，$x_2=f(x_1)$ にてあらわし，x_2 は x_1 の**関数**であるという．

$x_1\sim\bar{x}_1(P)$ ならば $f(x_1)\sim f(\bar{x}_1)(P)$．さらにまた $x_1\sim\bar{x}_1(P)$ かつ $f\sim f(P_1)$ の時にも $f(x_1)\sim f(\bar{x}_1)(P)$ なるゆえ，確率変数の関数を考えることは許される．例えば $x_1,x_2,\cdots$ はいずれも，それらの結合 $(x_i\,;\,i=1,2,\cdots)$ の関数である．

$(\Omega_1,\mathcal{F}_1)$-確率変数 x の関数 $f(x)$ は，x を基本確率変数と考えれば $(\Omega_1,\mathcal{F}_1,P_x)$ の上の $f(\omega_1)$ なる写像であらわされる．

多くの確率変数の関数も次のようにして定義することができる．まず $x_i\,(i=1,2,\cdots)$ をそれぞれ $(\Omega_i,\mathcal{F}_i)$-確率変数としよう．$x_i\,(i=1,2,\cdots)$ の結合 $(x_i\,;\,i=1,2,\cdots)$ の関数 $f((x_i\,;\,i=1,2,\cdots))$ を $x_1,x_2,\cdots$ の関数といい，$f(x_1,x_2,\cdots)$ または $f(x_i\,;\,i=1,2,\cdots)$ にてあらわす．

§7　確率変数列の収束

$(\Omega,\mathcal{F},P)$ を確率空間とし，D を距離空間——距離を ρ にてあらわす——とする．しかも D は可分かつ完備と仮定する；すなわち D の上でいたるところ稠密な可算集合 $\{d_i\}$ が存在し，かつ D の点の基本列は必ず極限点を持つとする．$\mathcal{B}$ を D の上の近傍系——ρ にて定められる——を含む最小の完全加法族とする．特に断らない限り，本節を通じて $(D,\mathcal{B})$-確率変数のみを考える．

二つの確率変数 x,y のとる値の間の距離 $\rho(x,y)$ は Ω の上の実関数であるが，これが P-可測であるということ，従って一個の実確率変数と考えてよいことを証明しよう．それには $(\rho(x,y)<\varepsilon)$ が P-可測なることを示せばよい．まず $\rho(x,y)<\varepsilon$ ならば，n を充分大きくとって，

$$\rho(x,y)<\frac{n-2}{n}\varepsilon$$

ならしめることができる．この n に対して x の $\dfrac{\varepsilon}{n}$-近傍を考えると，$\{d_i\}$ がいたるところ稠密という仮定により，この近傍の中に，$\{d_i\}$ の点を見出し得る．これを d_i とせよ．

$$\rho(x,d_i)<\frac{\varepsilon}{n},\quad \rho(y,d_i)\leqq\rho(x,d_i)+\rho(x,y)<\frac{\varepsilon}{n}+\frac{n-2}{n}\varepsilon=\frac{n-1}{n}\varepsilon.$$

ゆえに

$$(1)\quad (\rho(x,y)<\varepsilon)\subset\bigcup_{i,n}\left(\left(\rho(x,d_i)<\frac{\varepsilon}{n}\right)\cap\left(\rho(y,d_i)<\frac{n-1}{n}\varepsilon\right)\right).$$

逆に(1)の左辺が右辺を含むことは

$$\rho(x,y)\leqq\rho(x,d_i)+\rho(y,d_i)$$

により明らかである．ゆえに(1)の両辺は一致する．x,y の P-可測性により，$\left(\rho(x,d_i)<\dfrac{\varepsilon}{n}\right)$ も $\left(\rho(y,d_i)<\dfrac{n-1}{n}\varepsilon\right)$ も従ってその共通部分も P-可測である．ゆえに(1)の右辺は P-可測な集合の可算個の和であって，やはり P-可測．従って $(\rho(x,y)<\varepsilon)$ もまた P-可測である．

さて確率変数列 $\{x_n\}$ が x に収束するという条件は

$$(2)\quad \bigcap_{p=1}^{\infty}\bigcup_{n=1}^{\infty}\bigcap_{k>n}\left(\rho(x_k,x)<\frac{1}{p}\right)$$

であって，上述の $(\rho(x,y)<\varepsilon)$ の P-可測性により，(2)の条件も P-可測である．さて(2)の確率：$P(\{x_n\}\to x)$ が1に等しい時，$\{x_n\}$ は x に**ほとんど確実に収束する**(概収束)といい，x を $\{x_n\}$ の**極限変数**という．変数列 $\{x_n\}$ に対して，極限変数 x が二つあるとしても，それらは互いに同等 (P) である．

いかなる変数列に対して極限変数が存在するかということに関して次の定理がある．

定理 7.1　$\{x_n\}$ が極限変数を持つための必要かつ充分な条件は，

$$(3)\quad P\left(\lim_{\substack{n\to\infty\\ m\to\infty}}\rho(x_n,x_m)=0\right)=1$$

なることである．(この時 $\{x_n\}$ を**収束変数列**という．)

証明は簡単なるゆえ省略する．

同等 (P) な条件を同一視するという本書の立場からすれば，ほとんど確実に収束するということはいわゆる収束するということと同一である．今少し確率概念の加味された収束が次に述べる確率収束である．

定義 7.1　確率変数列 $\{x_n\}$ と確率変数 x とがあって，任意の正数 ε に対して

(4)　$\lim_{n\to\infty} P(\rho(x_n, x) > \varepsilon) = 0$

が成立する時，$\{x_n\}$ は x に**確率収束**するといい，x を $\{x_n\}$ の**確率収束の極限変数**という．

確率収束の極限変数は二つあっても，それらは互いに同等である．何となれば，x, x' を $\{x_n\}$ の確率収束の極限変数とすれば

$$P(x \neq x') = P(\rho(x, x') > 0) = P\left(\bigcup_{m=1}^{\infty}\left(\rho(x, x') > \frac{1}{m}\right)\right)$$
$$= \lim_{m\to\infty} P\left(\rho(x, x') > \frac{1}{m}\right),$$
$$P\left(\rho(x, x') > \frac{1}{m}\right)$$
$$\leqq P\left(\rho(x_n, x) > \frac{1}{2m}\right) + P\left(\rho(x_n, x') > \frac{1}{2m}\right) \longrightarrow 0 \quad (n \to \infty)$$

であるからである．

確率変数列 $\{x_n\}$ がある場合に，これが確率収束の極限変数を必ずしも持つとは限らない．これに関して

定理 7.2　確率変数列 $\{x_n\}$ がある確率変数に確率収束するための必要かつ充分な条件は，任意の正数 ε に対して

(5)　$\lim_{\substack{n\to\infty \\ m\to\infty}} P(\rho(x_n, x_m) > \varepsilon) = 0$

が成立することである．（この時 $\{x_n\}$ を**確率収束変数列**という．）

証明　必要なることは明らかなるゆえ，充分なることを証明しよう．(5) により，$n, m \geqq N(\varepsilon)$ ならば

(6)　$P(\rho(x_n, x_m) > \varepsilon) < \varepsilon$

となるような $N(\varepsilon)$ が存在する．今 $n_k = N\left(\frac{1}{2^k}\right)$ と置こう．しからば

(7)　$P\left(\rho(x_{n_k}, x_{n_{k+1}}) > \frac{1}{2^k}\right) < \frac{1}{2^k} \quad (k = 1, 2, \cdots).$

ゆえに

(8)　$$P\left(\bigcup_{k=m}^{\infty}\left(\rho(x_{n_k}, x_{n_{k+1}}) > \frac{1}{2^k}\right)\right) < \frac{1}{2^m} + \frac{1}{2^{m+1}} + \cdots$$
$$= \frac{1}{2^{m-1}} \quad (m = 1, 2, \cdots).$$

しかるに，すべての $k(\geqq m)$ に対して $\rho(x_{n_k}, x_{n_{k+1}}) \leqq \dfrac{1}{2^k}$ ならば，m 以上のすべての $p, l(p<l)$ に対して，

$$(9)\quad \rho(x_{n_p}, x_{n_l}) \leqq \sum_{k=p}^{l-1} \rho(x_{n_k}, x_{n_{k+1}}) \leqq \frac{1}{2^m} + \frac{1}{2^{m+1}} + \cdots = \frac{1}{2^{m-1}}.$$

すなわち

$$(10)\quad \bigcap_{k=m}^{\infty} \left(\rho(x_{n_k}, x_{n_{k+1}}) \leqq \frac{1}{2^k}\right) \subset \bigcap_{p,l \geqq m} \left(\rho(x_{n_p}, x_{n_l}) \leqq \frac{1}{2^{m-1}}\right).$$

対偶をとると（すなわち(10)の両辺の余集合をとると）

$$(10')\quad \bigcup_{k=m}^{\infty} \left(\rho(x_{n_k}, x_{n_{k+1}}) > \frac{1}{2^k}\right) \supset \bigcup_{p,l \geqq m} \left(\rho(x_{n_p}, x_{n_l}) > \frac{1}{2^{m-1}}\right) = \left(\sup_{p,l \geqq m} \rho(x_{n_p}, x_{n_l}) > \frac{1}{2^{m-1}}\right).$$

(8)と(10′)とから

$$P\left(\sup_{p,l \geqq m} \rho(x_{n_p}, x_{n_l}) > \frac{1}{2^{m-1}}\right) < \frac{1}{2^{m-1}}.$$

すなわち任意の正数 ε, η に対して，m を充分大きくとれば

$$(11)\quad P\left(\sup_{p,l \geqq m} \rho(x_{n_p}, x_{n_l}) \geqq \varepsilon\right) < \eta.$$

ここで ε, η を固定して m を増大させると，P の中の集合は単調に減少して $\overline{\lim\limits_{p,l \to \infty}}\, \rho(x_{n_p}, x_{n_l}) \geqq \varepsilon$ に近づく．

$$P\left(\overline{\lim_{p,l \to \infty}}\, \rho(x_{n_p}, x_{n_l}) \geqq \varepsilon\right) < \eta.$$

ε を 0 に近づけると，P の中の集合は単調に増大して

$$P\left(\overline{\lim_{p,l \to \infty}}\, \rho(x_{n_p}, x_{n_l}) > 0\right) \leqq \eta.$$

η は任意であるから，上式の左辺は 0 である．これはすなわち $\{x_{n_k}(\omega)\}$ が基本列でないような ω の集合の確率が 0 なることを示す．ゆえに，かかる集合の上では $x(\omega)$ を勝手に定義し，他では $x(\omega)$ を $\lim\limits_{k\to\infty} x_{n_k}(\omega)$ と定義すれば，x が求むる極限変数である．

まず x が P-可測 $(\mathcal{B})$ なることをいうには，$(\rho(x, d) < \varepsilon)$ が任意の点 $d(\in D)$ および任意の正数 ε に対して P-可測なることをいえばよいが，それは，(1)式と同様にして証明し得られる等式：

(12)　$(\rho(x,d)<\varepsilon)=\bigcup_{k,p}\bigcap_{q\geqq p}\left(\rho(x_{n_q},d)<\frac{k-1}{k}\varepsilon\right)$

から明らかである．（＝は詳しくいえば～である．――4節参照.）

　また

(13)　$(\rho(x_{n_m},x)\geqq\varepsilon)\subset\left(\sup_{p,l\geqq m}\rho(x_{n_p},x_{n_l})\geqq\varepsilon\right).$

ゆえに(11)により，m を充分大きくとれば

(14)　$P(\rho(x_{n_m},x)\geqq\varepsilon)<\eta.$

しかるに(5)により，m を充分大きくとれば

$$P(\rho(x_{n_m},x_m)\geqq\varepsilon)<\eta,$$

ゆえに

$$P(\rho(x,x_m)\geqq 2\varepsilon)<2\eta.$$

これは $\{x_m\}$ が x に確率収束することを示す．

　収束変数列 $\{x_n\}$ は当然確率収束変数列となるが，逆は必ずしも真でない．例えば $(\Omega,\mathcal{F},P)$ として実数軸上の区間 $[0,1)$ に一様分布を結びつけたものを考え，$x_{nm}(\omega)$ $(n,m=1,2,\cdots)$ を次のごとく定義する．

$$\frac{m-1}{n}\leqq\omega<\frac{m}{n}\ \text{ならば}\ x_{nm}(\omega)=1,$$

$$0\leqq\omega<\frac{m-1}{n}\ \text{または}\ \frac{m}{n}\leqq\omega<1\ \text{ならば}\ x_{nm}(\omega)=0.$$

しからば $x_{11},x_{21},x_{22},x_{31},x_{32},x_{33},\cdots,x_{n1},x_{n2},\cdots,x_{nm},\cdots$ なる確率変数列は 0 に確率収束するが，Ω の上のいずれの点においても収束しない．

　しかしながら，定理 7.2 の証明を見れば分かるごとく，

定理 7.3　確率収束変数列は，収束する部分列を持つ．

　確率収束なる位相概念と同等でしかも便利なるものは次に定義する距離である．

定義 7.2　x,y を $(\Omega,\mathcal{F},P)$ の上の D-確率変数とする時，$d(x,y)=\inf_{\varepsilon>0}(\varepsilon+P(\rho(x,y)\geqq\varepsilon))$.

定理 7.4

(15)　$d(x,y)\geqq 0$，等式は $x\sim y(P)$ の時のみ成立する．

(16)　$d(x,y)=d(y,x).$

(17)　$d(x,y)+d(y,z) \geqq d(x,z)$.

(18)　D-確率変数全体の集合は d に関して完備である．

(19)　$\{x_n\}$ が x に確率収束するための必要充分条件は $\{x_n\}$ が x に d に関して収束することである．

証明は全く容易であるから省略する．

§8　条件付確率，相関関係，独立

定義 8.1　$(\Omega, \mathcal{F}, P)$ を確率空間とし，E を Ω の部分集合で $P(E)>0$ なるものとする．E' を Ω の P-可測なる部分集合とする．**E なる条件付の E' の確率** $P(E'/E)$ というのは $\dfrac{P(E \cap E')}{P(E)}$ のことである．

系　**(確率の乗法定理)**　$P(E \cap E')=P(E)P(E'/E)$.

定理 8.1　(ベイズ(Bayes)の定理)

$$\Omega = E_1 \cup E_2 \cup \cdots \cup E_n,$$
$$E_i \cap E_j = \varnothing \quad (i \neq j)$$

ならば

(1)　$$P(E_i/E) = \frac{P(E_i)P(E/E_i)}{\sum_k P(E_k)P(E/E_k)}.$$

証明　仮定により

$$E = (E \cap E_1) \cup (E \cap E_2) \cup \cdots \cup (E \cap E_n),$$
$$(E \cap E_i) \cap (E \cap E_j) = \varnothing \quad (i \neq j),$$
$$\therefore \quad P(E) = \sum_k P(E \cap E_k) = \sum_k P(E_k)P(E/E_k),$$
$$P(E_i/E)P(E) = P(E_i \cap E) = P(E_i)P(E/E_i).$$

この二式から(1)を得る．

$P(E'/E)$ は E なる事象が起ったという条件の下における E' の確率であるが，我々は次に与えられた**確率変数 $\boldsymbol{x}$ がある定まった値 $\boldsymbol{\lambda}$ をとったという条件の下における事象 $\boldsymbol{E'}$ の確率**というものを考えよう．$P(x=\lambda)>0$ の時，すなわち，λ が x の確率法則 P_x の不連続点である時には

(2)　$P(E'/x=\lambda)=\dfrac{P((x=\lambda)\cap E')}{P(x=\lambda)}$

と定義するのは，自然な考え方である．

また $P(x=\lambda)=0$ の場合でも，例えば x が実確率変数である時には

(3)　$P(E'/x=\lambda)=\lim_{\varepsilon\to 0}\dfrac{P((\lambda-\varepsilon<x<\lambda+\varepsilon)\cap E')}{P(\lambda-\varepsilon<x<\lambda+\varepsilon)}$

によればよいように考えられる．しかしながら，次に x が任意の確率変数の場合を考えてみよう．

$(\Omega,\mathcal{F},P)$ を確率空間とし，x を $(\Omega_1,\mathcal{F}_1)$-確率変数とする．$P((x\in E_1)\cap E')\,(E_1\in\mathcal{F}_1)$ は E_1 の関数と見る時，$(\Omega_1,\mathcal{F}_1)$ 上の測度と考えることができる．しからば

(4)　$P((x\in E_1)\cap E')\leqq P(x\in E_1)=P_x(E_1).$

ここに P_x は x の確率法則をあらわす．(4)によって，$P((x\in E_1)\cap E')$ は P_x に関して絶対連続であって

$$P((x\in\Omega_1)\cap E')\leqq P_x(\Omega_1)=1$$

である．ゆえに $P((x\in E_1)\cap E')$ は P_x に関して積分表示ができる．すなわち Ω_1 の上で定義された P_x-可測関数 $\psi(\omega_1)$ が存在して，

(5)　$P((x\in E_1)\cap E')=\int_{E_1}\psi(\omega_1)P_x(d\omega_1)$

が任意の E_1 に対して成立する．かかる ψ が二つ (ψ_1,ψ_2) あるとすれば $\psi_1\sim\psi_2(P_x)$ である．

さて $\psi(\omega_1)=P(E'/x=\omega_1)$ と定義すればよいわけであるが，$\psi(\omega_1)$ は関数としては定まっているが(同等 (P_x) なものを同一視して)，各点では必ずしも定まらない．Ω_1 の P_x-測度 0 の上では，$\psi(\omega_1)$ をいかに変えても差し支えないからである．

さて $\psi(\omega_1)$ の ω_1 の代りに確率変数 x を入れると，$\psi(x)$ なる確率変数(6 節の意味における関数)が得られる．$\psi(x)$ は一義的に(もちろん同等 (P) なるものは同一視して)定まったものである．これを **x が定まった時の E' の条件付確率**ということにし，$P(E'/x)$ にてあらわす．

二つの確率変数 x,y がある時，x のとる値が y のとる値に影響を及ぼすか否かを問題とすることはしばしば起る．

定義 8.2　$P((y\in E_2)/x)$ が x に無関係な時，y は x に**独立**であるという．そうでない時 y は x と**相関関係**をもつという．

y が x と独立ならば $P((y\in E_2)/x)=C$．従って

$$P(y\in E_2)=P((y\in E_2)\cap(x\in \Omega_1))=\int_{\Omega_1} CP_x(d\omega_1)=C.$$

ゆえに

(6)　$P(y\in E_2/x)=P(y\in E_2)$

を得る．

定理 8.2　y が x に独立なるための必要かつ充分な条件は

(7)　$P((x\in E_1)\cap(y\in E_2))=P(x\in E_1)P(y\in E_2)$

が常に成立することである．

証明　1°　必要であること．(6)および(5)により

$$P((x\in E_1)\cap(y\in E_2))=\int_{E_1} P(y\in E_2)P_x(d\omega_1)=P(y\in E_2)P(x\in E_1).$$

2°　充分であること．

$$\begin{aligned}\int_{E_1} P(y\in E_2/x)P_x(d\omega_1)&=P((x\in E_1)\cap(y\in E_2))\\&=P(x\in E_1)P(y\in E_2)=\int_{E_1} P(y\in E_2)P_x(d\omega_1).\end{aligned}$$

E_1 は任意の集合であるから

$$P(y\in E_2/x)=P(y\in E_2).$$

すなわち $P(y\in E_1/x)$ は x に無関係である．

本定理により y が x に独立ならば，x が y に独立となる．従って $\boldsymbol{x}$ **と** $\boldsymbol{y}$ **とは互いに独立である**というような言葉を用い得る．この定理の条件を拡張して n 個の確率変数が互いに独立であるということも定義できる．

定義 8.3　$x_1, x_2, \cdots, x_n$ が互いに独立であるとは

$$\begin{aligned}&P((x_1\in E_1)\cap(x_2\in E_2)\cap\cdots\cap(x_n\in E_n))\\&\quad=P(x_1\in E_1)P(x_2\in E_2)\cdots P(x_n\in E_n)\end{aligned}$$

が常に成立することである．

さらに進んで，無限に多くの変数が互いに独立であるというのは，その中の任意の有限個が互いに独立なことである．

定理 8.3　$x_1, x_2, \cdots, x_n$ が互いに独立ならば，それらの関数 $f_1(x_1), f_2(x_2), f_3(x_3), \cdots, f_n(x_n)$ も互いに独立である．

証明　$P\left(\bigcap_k (f_k(x_k) \in E_k)\right) = P\left(\bigcap_k (x_k \in f_k{}^{-1}(E_k))\right) = \prod_k P(x_k \in f_k{}^{-1}(E_k)) = \prod_k P(f_k(x_k) \in E_k)$.

定理 8.4　x, y を $(\Omega, \mathcal{F}, P)$ 上の独立な確率変数とし，その値域をそれぞれ $\mathbb{R}^m, \mathbb{R}^n$ とする．しからば x, y の結合 (x, y) は $\mathbb{R}^{m+n}$ を値域とする確率変数で

$$(8)\quad P_{(x_1, x_2)}(E) = \iint_E P_x(d\lambda) P_y(d\mu).$$

ここに E は $\mathbb{R}^{m+n}$ の上のボレル集合である．

証明　E が矩形集合の時には定理 8.2 により (8) は明らかに成立する．両辺とも $\mathbb{R}^{m+n}$ の上の確率測度(完全加法的な集合関数)なることに注意すれば，(8) は任意のボレル集合に対して成立する．

注意　独立という言葉は確率論においてのみならず，実際的な問題においてしばしば用いられる．例えば独立な試行，独立な観察等これである．そういう意味の独立ということは確率を計算してみていうのではなく，直観的にいわれるのであるが，これが上述の定義の意味の独立なる概念で数学的にあらわされると言えるのは良識によるのである．

§9　平 均 値

定義 9.1　x を $(\Omega, \mathcal{F}, P)$ 上の $\mathbb{R}^n$-確率変数とする．

$\int_\Omega |x(\omega)| P(d\omega) < \infty$ の時，$\int_\Omega x(\omega) P(d\omega)$ を x の**平均値**といい，$m(x)$ または $E(x)$ または $\bar{x}$ にてあらわす．ここに $|x(\omega)|$ は $x(\omega)$ の(ユークリッドの意味の)長さをあらわす．

確率論においては，平均値という観念は確率と同程度に根本的なものである．A を Ω の P-可測な部分集合とする．A の上では 1，$\Omega - A$ の上では 0 という実確率変数を x_A とすると，$m(x_A) = P(A)$ である．かかる方法で事象の確率の問題を確率変数の平均値の問題にかえることができる．定義からただ

ちに次の定理を得る．

定理 9. 1

(1)　$m(ax)=am(x)$，ここに a は定数である．

(2)　$\sum_{i=1}^{\infty} m(|x_i|)<\infty$ ならば $m\left(\sum_{i=1}^{\infty} x_i\right)=\sum_{i=1}^{\infty} m(x_i)$.

(3)　x を $(\Omega_1, \mathcal{F}_1)$-確率変数，$f(x)$ を $\mathbb{R}^n$ の上の値をとる x の関数とする時

$$m(f(x))=\int_{\Omega_1} f(\omega_1)P_x(d\omega_1).$$

(4)　x が有界ならば $m(x)$ は存在する．

条件付確率に対応して条件付平均値を定義することができる．

定義 9. 2　x を $(\Omega, \mathcal{F}, P)$ 上の $\mathbb{R}^n$-確率変数とする時，$P(A)>0$ の時

$$\frac{\int_A x(\omega)P(d\omega)}{P(A)}$$

を A なる条件の下における x の平均値といい，$m(x/A)$ にてあらわす．

系　$\Omega=A_1\cup A_2\cup\cdots\cup A_n$，$A_i\cap A_j=\varnothing\,(i\neq j)$ ならば

(5)　$m(x)=\sum_{i=1}^{n} P(A_i)m(x/A_i)$

は明らかである．

y を $(\Omega, \mathcal{F}, P)$ の上の $(\Omega_1, \mathcal{F}_1)$-確率変数とし，$x$ を $\mathbb{R}^n$-確率変数とする．y が定まった時の x の平均値を定義しよう．まず

(6)　$f(E)=\int_{y\in E} x(\omega)P(d\omega)$

を考えると，これは $(\Omega_1, \mathcal{F}_1)$ 上の完全加法的な集合関数である．$P_y(E)=0$ ならば，$f(E)=0$ となるゆえ，$(\Omega_1, \mathcal{F}_1)$ 上の P_y-可測な関数 $\varphi(\omega_1)$ が存在し，

(7)　$f(E)=\int_E \varphi(\omega_1)P_y(d\omega_1)$

を満す．またかかる $\varphi(\omega_1)$ は P_y-測度 0 の集合の上を除けば一義的に定まる．ゆえに

定義 9. 3　上に得た $\varphi(\omega_1)$ において，ω_1 の代りに y を入れて得られる $\varphi(y)$ を **y が定まった時の x の平均値**といい，$m(x/y)$ にてあらわす．従って(7)式を

(7′)　$\int_{y\in E} x(\omega)P(d\omega)=\int_{y\in E} m(x/y)P_y(dy)$

と書くことができる．

系 1　z が y の関数ならば $m(m(x/y)/z)=m(x/z)$.

証明　z が y の関数なるゆえ,

$$\int_{z\in E_2} m(x/y)P_y(dy)=\int_{z\in E_2} m(m(x/y)/z)P_y(dz)$$

(y の値域 $(\Omega_1,\mathcal{F}_1,P_y)$ の上で考えて，(7′)式を用いる).

また

$$\int_{z\in E_2} m(x/y)P_y(dy)=\int_{z\in E_2} x(\omega)P(d\omega)=\int_{z\in E_2} m(x/z)P_z(dz).$$

上の二式の右辺を比較して系 1 の結論を得る.

系 2　$m(m(x/y))=m(x)$,

系 3　z が y の関数の時には $m(P(A/y)/z)=P(A/z)$,

系 4　$m(P(A/y))=P(A)$

等は系 1 と同様に出る.

次の定理は確率論において最も重要な定理の一つである.

定理 9. 2　x,y を独立で有界な複素確率変数とすれば,

$$m(xy)=m(x)m(y).$$

もちろん実確率変数は一種の複素確率変数なるゆえ，実確率変数についても本式は成立する.

証明　C は複素平面をあらわし，(x,y) は x と y との結合を意味することにする．定理 9. 1(3) により

$$m(xy)=\int_C\int_C \lambda\mu P_{(x,y)}\,(d\lambda d\mu).$$

定理 8. 4 により

$$m(xy)=\int_C\int_C \lambda\mu P_x(d\lambda)P_y(d\mu)=\int_C \lambda P_x(d\lambda)\int_C \mu P_y(d\mu)=m(x)m(y).$$

系　$x_1,x_2,\cdots,x_n$ が互いに独立かつ有界な複素確率変数ならば

$$m(x_1x_2\cdots x_n)=m(x_1)m(x_2)\cdots m(x_n).$$

第2章

実確率変数およびその確率法則

§10　実確率変数による表現

実確率変数は確率変数の中で最も基本的なものである．サイコロの目や，射撃における的の中心からのはずれが実確率変数として表現されるのは当然であるが，銅貨を投げていずれの面が出るかという場合にも，表には1なる標識を，裏には0なる標識を付することにすれば，実確率変数としてあらわされる．一般に可分かつ完備なる距離空間 D を値域とする確率変数は実確率変数で表現されることを J. L. Doob[2] にならって証明しよう．すでにしばしば述べたように，D の上の完全加法族 $\mathcal{F}$ は D の近傍系 $\mathfrak{A}$ を含む最小の完全加法族であるが，D-確率変数 x が実確率変数 y で表現されるというのは，$\mathcal{F}$ に属する任意の集合 E に対して，$(x \in E)$ と $(y \in \mathcal{B})$ とが同等な条件であるような実ボレル集合 $\mathcal{B}$ が存在することである．

D が可分であるという仮定により，D の上でいたるところ稠密な点列 $\{d_i\}$ が存在する．

(1)　$\mathfrak{A}' = E\{U(d_i, r);\, i=1,2,\cdots,\ r\ は正の有理数\}$

を考えよう．$\mathfrak{A}'$ は $\mathfrak{A}$ の部分集合であるから，$\mathfrak{A}'$ の定める完全加法族，換言すれば $\mathfrak{A}'$ を含む最小の完全加法族を $\mathcal{F}'$ とすれば $\mathcal{F}' \subset \mathcal{F}$ なることは明らかであるが，さらに進んで $\mathcal{F}' = \mathcal{F}$ を証明しよう．それには D の任意の点 d の

任意の近傍 $U(d,\varepsilon)$ が $\mathcal{F}'$ に属することをいえばよいが，$\mathfrak{A}'$ の元(近傍)は可算個なるゆえ，$U(d,\varepsilon)$ がこれに含まれる $\mathfrak{A}'$ の元の和集合なることを示せば，なおさら充分である．

a を $U(d,\varepsilon)$ の任意の点とする．n を充分大きくとって，

(2)　$\rho(d,a) < \dfrac{n-3}{n}\varepsilon$

ならしめ得る．次に $\{d_i\}$ の中には

(3)　$\rho(d_i,d) < \dfrac{1}{n}\varepsilon$

なる d_i がある．(2), (3) より

(4)　$\rho(d_i,a) < \dfrac{n-2}{n}\varepsilon.$

今 $\dfrac{n-2}{n}\varepsilon < r < \dfrac{n-1}{n}\varepsilon$ を満足する有理数 r をとれば

(5)　$a \in U(d_i,r) \subset U\left(d_i,\dfrac{n-1}{n}\varepsilon\right) \subset U(d,\varepsilon).$

ゆえに a は $U(d,\varepsilon)$ に含まれる $\mathfrak{A}'$ の元 $U(d_i,r)$ に含まれる．

$\mathfrak{A}'$ の元に番号を付し，これを $U_1, U_2, \cdots$ とする．上に証明したように，$U_1, U_2, \cdots$ の定める完全加法族は $\mathcal{F}$ であるが，$\mathcal{F}$ の中に0と1との間の有理数を添数とする集合の系 $\{U_r\}$ を見出し，次の条件を満足するようにできる．

(6)　$\{U_r\}$ の定める完全加法族は $\mathcal{F}$ である．

(7)　U_r は r に関して単調非減少である．すなわち $r<s$ ならば $U_r \subset U_s$.

(8)　U_r は r に関して右から連続である．(7)を考慮に入れると，これは $\bigcap_{r>s} U_r = U_s$ を意味する．

(9)　$\bigcap_{0<r<1} U_r = \varnothing, \quad \bigcup_{0<r<1} U_r = D.$

まず集合列 V_r を次のごとく定義する．

(10)　$V_1 = U_1,$

(11)　$V_2 = V_1 \cap U_2, \quad V_3 = V_1 \cup ((D - V_1) \cap U_2),$

(12)　V_1, V_2, V_3 を小さいものから順にならべて V_1', V_2', V_3' とする．すなわち $V_1' = V_2, \quad V_2' = V_1, \quad V_3' = V_3.$

$$V_4 = V_1' \cap U_3,$$

$$V_5 = V_1' \cup ((V_2' - V_1') \cap U_3),$$

$$V_6 = V_2' \cup ((V_3' - V_2') \cap U_3),$$

$$V_7 = V_3' \cup ((D - V_3') \cap U_3).$$

同様に進めて $V_8, V_9, \cdots$ を得るとする．$\{V_i\}$ がすべて $\mathcal{F}$ に属することはいうまでもない．また逆に $\{U_i\}$ を $\{V_i\}$ であらわすと

(13)　$U_1 = V_1,\quad U_2 = V_2 \cup (V_3 - V_1),$

$$U_3 = V_4 \cup (V_5 - V_1') \cup (V_6 - V_2') \cup (V_7 - V_3')$$

$$= V_4 \cup (V_5 - V_2) \cup (V_6 - V_1) \cup (V_7 - V_3) \qquad \text{等々}.$$

ゆえに $\{U_i\}$ は $\{V_i\}$ の定める完全加法族の中にある．従って $\{V_i\}$ の定める完全加法族は $\mathcal{F}$ である．また

(14)　$\bigcap_k V_k = \bigcap_k U_k = \varnothing,\quad \bigcup_k V_k \supset \bigcup_k U_k = D.$

さて $(0,1)$ 間の数を 3 進法で書いた時，小数点以下第 1 位で 1 があらわれるような数の集合は長さ $\frac{1}{3}$ の線分であるが，その中点を m_1 とする．同様に小数点以下第 2 位において始めて 1 があらわれるような数の作る二線分の中点を小さい方から m_2, m_3 とする．一般に小数点以下第 n 位で始めて 1 があらわれるような数の作る 2^{n-1} 個の線分の中点を小さい方から $m_{2^{n-1}}$, $m_{2^{n-1}+1}, \cdots, m_{2^n-1}$ とする．しからば集合 $\{m_k\}$ は孤立点のみからなる集合である．

今 $V'_{m_k} \equiv V_k$ と定義すると V'_{m_k} は m_k に関して単調非減少，さらに $U_r \equiv \bigcap_{m_k > r} V'_{m_k}$ (r は有理数) と定義すると，$\{m_k\}$ が孤立点の集合なることおよび V_k に関して検証された性質により U_r は(6), (7), (8), (9)を満足する．

今 x を任意の D-確率変数とせよ．

(15)　$y(\omega) \equiv \inf\{r;\, x(\omega) \in U_r\}$

と定義すれば，有理数 r に対して明らかに

(16)　$(y \leqq r) = \bigcap_{r' > r} (x \in U_{r'}) = \left(x \in \bigcap_{r' > r} U_{r'}\right) = (x \in U_r).$

すなわち y は P-可測で，実確率変数であるといえる．さらに

(17)　$(r' < y \leqq r) = (x \in U_r) \cap (x \notin U_{r'}) = (x \in U_r - U_{r'}).$

今 $(r', r] = I$ とし，$U_I = U_r - U_{r'}$ とすると

(17′)　$(y \in I) = (x \in U_I).$

(6), (7), (8), (9) を用い，超限帰納法により，$(0,1)$ に属する任意のボレル

集合 E に対して U_E を定義し，E における集合論的関係が U_E においても保存されるようにして，しかも U_I の拡張となるようにできる．しからば

(17″)　$(y \in E) = (x \in U_E)$.

$\{U_E\}$ はすべて近傍を元としてもつ完全加法族であるから，これは $\mathcal{F}$ を含む．y は x を完全に表現し得る実確率変数である．

§11　$\mathbb{R}$-確率測度の表現

実数空間 $\mathbb{R}$ の上の確率測度を以後 **$\mathbb{R}$-確率測度**と呼ぶことにする．実確率変数と $\mathbb{R}$-確率測度との間には次の密接な関係がある．

(1)　実確率変数の確率法則は $\mathbb{R}$-確率測度である．

(2)　任意の $\mathbb{R}$-確率測度はある確率空間上のある実確率変数の確率法則と考え得る．P を $\mathbb{R}$-確率測度とせよ．$(\mathbb{R}, P)$ は確率空間である．$x(r) = r$ $(r \in \mathbb{R})$ と定義すれば，x は $(\mathbb{R}, P)$ 上の実確率変数で，その確率法則は P である．

$\mathbb{R}$-確率測度 P は測度であるから，その取扱いは必ずしも容易ではない．そこで $\mathbb{R}$ の上の点関数 $F(\lambda)$ を次のごとく定義し，これを **$\boldsymbol{P}$ の定める分布関数**という：

(3)　$F(\lambda) = P((-\infty, \lambda])$.

この $F(\lambda)$ は明らかに次の性質をもっている．

(4)　$F(\lambda)$ は λ に関して単調非減少．すなわち $\lambda < \mu$ ならば $F(\lambda) \leqq F(\mu)$.

(5)　$F(\lambda)$ は λ に関して右から連続．すなわち $F(\lambda+0) = F(\lambda)$.

(6)　$F(+\infty) = 1$,　$F(-\infty) = 0$.

一般に(4), (5), (6)の性質をもつ関数を**分布関数**という．分布関数 $F(\lambda)$ に対して，

(7)　$P(E) = \int_E dF(\lambda)$　(E はボレル集合)

と定義すれば，P は $\mathbb{R}$ の上の確率測度である．これを **$\boldsymbol{F(\lambda)}$ の定める確率測度**ということにする．

(3)または(7)により P と F とを対応させる関係は一対一対応である．$F(\lambda)$ は単調なるゆえ $F(\lambda-0)$ も $F(\lambda+0)$ も存在する．$F(\lambda)$ の連続点では両者共

$F(\lambda)$ と一致するが，λ が $F(\lambda)$ の不連続点の時には $F(\lambda)=F(\lambda+0)\neq F(\lambda-0)$ である．それゆえ $\mu=F(\lambda)$ のグラフを画き，F の不連続点 λ では $(\lambda, F(\lambda-0))$ と $(\lambda, F(\lambda))$ とを線分で結ぶと連続曲線を得る．今 $\lambda+\mu=a$ なる直線が $\mu=F(\lambda)$ と λ 軸との間に挟まれる部分(線分)の長さを $G(a)$ とすると

(8) $G(a)$ は a に関して単調非減少である．

(9) $G(a)$ は a に関して連続なるのみならず $|G(a_1)-G(a_2)|\leqq\sqrt{2}\,|a_1-a_2|$.

(10) $G(-\infty)=0$, $G(+\infty)=\sqrt{2}$.

逆にこの条件に適する $G(a)$ はある分布関数 $F(\lambda)$ から上のような方法で作り得るのみならず，そのような $F(\lambda)$ は $G(a)$ により明らかに一義的に定まる．従って $\mathbb{R}$-確率測度 P，その分布関数，それから作った $G(a)$ は互いに一対一に対応する．

(11) $P\longleftrightarrow F(\lambda)\longleftrightarrow G(a)$.

§12 $\mathbb{R}$-確率測度間の距離

まず(8), (9), (10)を満足する関数 $G_1(a)$ と $G_2(a)$ との距離 $\rho(G_1, G_2)$ を $\sup\limits_{-\infty<a<\infty}|G_1(a)-G_2(a)|$ とする．(8), (9), (10)の性質により sup は max で置きかえてもよい．さて

定義 12.1 P_1, P_2 を $\mathbb{R}$-確率測度とし，G_1, G_2 を(11)によりそれぞれ P_1, P_2 に対応する $G(a)$ とする．P_1, P_2 間の距離 $\rho(P_1, P_2)$ を

(1) $\rho(P_1, P_2)=\rho(G_1, G_2)$

により定義する．

定理 12.1 ρ は距離の条件を満す．すなわち

(2) $\rho(P_1, P_2)\geqq 0$. 等式は $P_1=P_2$ の時のみ成立する．

(3) $\rho(P_1, P_2)=\rho(P_2, P_1)$.

(4) $\rho(P_1, P_2)+\rho(P_2, P_3)\geqq\rho(P_1, P_3)$.

(証明は明白.)

この定理により分布関数の集合に近傍，極限，集積点，正規族，完閉等の位相概念を ρ に関連して定義することもできる．さて $\{P_n\}$ が P に収束する

時には，11節の(11)式によりこれに対応する $\{G_n\}$ が G に一様収束することは定義により明らかであるが，F についてはどうであろうか.

定理 12.2　$\mathbb{R}$-確率測度の列 $\{P_n\}$ が $\mathbb{R}$-確率測度 P に収束するための必要充分条件は，$\{F_n\}$, F をそれぞれ $\{P_n\}$, P に対応する分布関数とする時，

(5)　F の任意の連続点 λ に対して $\lim_{n\to\infty} F_n(\lambda) = F(\lambda)$

なることである.

証明　**1°　必要であること.** a を $F(\lambda)$ の連続点とし，(λ, μ) 平面の上の $(a, F_n(a))$ を通り $\lambda+\mu=0$ なる直線に平行な直線 $\lambda+\mu=a+F_n(a)$ が $\mu=F(\lambda)$ のグラフ(11節に述べたごとくにして連続化したもの)と交わる点を (a_n, b_n) とする．しからば

(6)　$|a-a_n| < \rho(P_n, P)$,

(7)　$|b_n-F_n(a)| < \rho(P_n, P)$.

また a が $F(a)$ の連続点なることに注意すれば，(6)の右辺が，$n\to\infty$ の時，0に近づくことから

(8)　$|b_n-F(a)| < \varepsilon_n$　($n\to\infty$ の時 $\varepsilon_n\to 0$).

(7), (8)より

(9)　$|F(a)-F_n(a)| \leqq |b_n-F(a)|+|b_n-F_n(a)| < \varepsilon_n+\rho(P_n, P) \to 0$ $(n\to\infty)$.

2°　充分であること. $F(\lambda)$ の不連続点が可算個しかないことから，次の条件に適する連続点 $-M, M$ を選ぶことができる.

(10)　$F(M) > 1-\varepsilon$,　$F(-M) < \varepsilon$.

さらに $(-M, M)$ 間に分点 $-M=m_0<m_1<m_2<\cdots<m_{k-1}<m_k=M$ を入れて，これがすべて連続点でかつ

(11)　$|m_i - m_{i-1}| < \varepsilon$　$(i=1, 2, \cdots, k)$

ならしめ得る.

m_i $(i=0, 1, 2, \cdots, k)$ は $F(\lambda)$ の連続点であるから，仮定により，$n>N(i, \varepsilon)$ なる限り

(12)　$|F(m_i) - F_n(m_i)| < \varepsilon$

なるごとき $N(i, \varepsilon)$ がある．$N(\varepsilon) \equiv \max_{0\leqq i\leqq k} N(i, \varepsilon)$ とすれば，$n>N(\varepsilon)$ なる限り，(12)は $i=0, 1, 2, \cdots, k$ に対して成立する．$F(\lambda)$ および $F_n(\lambda)$ がいずれも

単調非減少なることに注意すれば，(10), (11), (12) より

(13)　$\rho(P_n, P) < \sqrt{2}\varepsilon$

を得る．($\mu = F_n(\lambda)$, $\mu = F(\lambda)$ のグラフを書いてみるとすぐに分かる．)

§13　$\mathbb{R}$-確率測度の集合の位相的性質

$\mathbb{R}$-確率測度の集合は ρ を距離とする距離空間であることは明らかであるが，この空間の位相的性質を研究しよう．まず

定理 13. 1　$\mathbb{R}$-確率測度全体の集合は ρ に関して完備である．すなわち $\mathbb{R}$-確率測度の基本列は必ず極限測度をもつ．

証明　11 節の (8), (9), (10) を満す関数の集合が 12 節で定義した距離 ρ に関して完備であることから本定理は明らかである．

さて $\mathbb{R}$-確率測度全体の集合は正規族をなさない．例えば P_n を $\dfrac{1}{\sqrt{2\pi}\,n}e^{-\frac{\lambda^2}{2n^2}}$ を確率密度とする $\mathbb{R}$-確率測度（ガウス分布——3 節参照）とする．$P_1, P_2, \cdots$ なる $\mathbb{R}$-確率測度の列は集積点をもたない．しからば $\mathbb{R}$-確率測度の集合でいかなるものが正規族をなすであろうか．これに関して P. Lévy [1] の研究がある．

定理 13. 2　(P. Lévy)　$\mathbb{R}$-確率測度の集合 $\mathfrak{M}$ が正規族をなすための必要充分条件は，次の三性質を有する関数 $T(\lambda)$ が存在することである．

(1)　$T(\lambda)$ は $(0, \infty)$ で定義された単調非減少な実関数，

(2)　$\lim\limits_{\lambda\to\infty} T(\lambda) = 1$,

(3)　$\mathfrak{M}$ に属する任意の $\mathbb{R}$-確率測度 P に対して

$$P([-\lambda, \lambda]) \geqq T(\lambda).$$

証明　1°　充分であること． 仮定 (1), (2), (3) から $\mathfrak{M}$ の任意の列 $\{P_n\}$ が集積点（$\mathbb{R}$-確率測度）をもつことを示そう．それには 11 節の (11) により P_n に対応する G_n を考える．同節 (9) により

(4)　$G_n(\lambda) \geqq \sqrt{2}\,T(\lambda - 1 - 0) \quad (\lambda > 0)$,

(5)　$G_n(-\lambda) \leqq \sqrt{2}\,(1 - T(\lambda - 0))$.

さて $\lambda_1, \lambda_2, \lambda_3, \cdots$ を $(-\infty, \infty)$ の上でいたるところ稠密なる数列とし，λ_i と共に $-\lambda_i$ もこの列に入れる．$\{G_n(\lambda_1);\, n = 1, 2, \cdots\}$ なる列を考えると，これは

有界な実数の集合なるゆえ，集積点がある．その一つを $G(\lambda_1)$ とし，$G(\lambda_1)$ に収束する $\{G_n(\lambda_1)\}$ の部分列を $\{G_{n_{1p}}(\lambda_1)\}$ とする．すなわち

(6)　$G_{n_{11}}(\lambda_1),\ G_{n_{12}}(\lambda_1),\ \cdots \to G(\lambda_1).$

次に数列 $\{G_{n_{1p}}(\lambda_2)\}$ の集積点の一つを $G(\lambda_2)$ とし

(7)　$G_{n_{2p}}(\lambda_2) \to G(\lambda_2) \quad (p\to\infty).$

ここに $\{n_{2p}\}$ は $\{n_{1p}\}$ の部分列である．以下同様にして

(8)　$\{G_{n_{kp}}(\lambda_k)\} \to G(\lambda_k) \quad (p\to\infty)$

を得る．$G_{n_{pp}}(\lambda)$ を簡単のため再び $G_p(\lambda)$ と書くことにすれば，$\{G_p(\lambda);\, p=1,2,\cdots\}$ なる列は $\lambda=\lambda_1,\lambda_2,\cdots$ に対してそれぞれ $G(\lambda_1), G(\lambda_2),\cdots$ に収束する(対角線法！)．また11節の(9)式より得られるところの

(9)　$|G_p(\lambda_i)-G_p(\lambda_j)| \leqq \sqrt{2}\,|\lambda_i-\lambda_j|$

により

(10)　$|G(\lambda_i)-G(\lambda_j)| \leqq \sqrt{2}\,|\lambda_i-\lambda_j|.$

ゆえに $G(\lambda_i)$ は λ_i の関数として一様連続である．従ってこれを拡張して $(-\infty,\infty)$ の上で連続な関数 $G(\lambda)$ を定義することができる．(10)から $\lambda_i\to\lambda$, $\lambda_j\to\lambda'$ として

(11)　$|G(\lambda)-G(\lambda')| \leqq \sqrt{2}\,|\lambda-\lambda'|$

が任意の λ,λ' に対して成立することがわかる．また $G(\lambda)$ が単調非減少なることもただちに分かる．また(4),(5)は $G(\lambda)$ に対しても成立することは $G(\lambda)$ の定義から明らか．すなわち $G(\lambda)$ は11節の(8),(9),(10)を満し，ある $\mathbb{R}$-確率測度 P に対応する．P が $\{P_n\}$ の集積点の一つであることをいうためには $G_p(\lambda)$ が $G(\lambda)$ に一様に収束することをいえばよい．

まず M を大きくかつ $\{\lambda_i\}$ の中からとって

(12)　$G(M) > \sqrt{2}-\varepsilon, \quad G(-M) < \varepsilon$

とし，$-M$ と M の間に $-M=m_0<m_1<\cdots<m_{k-1}<m_k=M$ を入れ

(13)　$|m_i-m_{i-1}|<\varepsilon \quad (i=1,2,\cdots,k), \quad \{m_i\}\subseteq\{\lambda_i\}$

とする．

次に $p(\varepsilon)$ を充分大きくとって，$p>p(\varepsilon)$ なる限り，

(14)　$|G_p(m_i)-G(m_i)|<\varepsilon \quad (i=1,2,\cdots,k)$

とできる．λ を m_{i-1} と m_i との間の実数とすれば

$$(15)\quad \begin{aligned}|G_p(\lambda)-G(\lambda)| &< |G_p(m_{i-1})-G_p(\lambda)|+|G(m_{i-1})-G(\lambda)| \\ &\quad +|G_p(m_{i-1})-G(m_{i-1})| \\ &< \sqrt{2}\,|m_{i-1}-\lambda|+\sqrt{2}\,|m_{i-1}-\lambda|+\varepsilon < (2\sqrt{2}+1)\varepsilon.\end{aligned}$$

もし $\lambda > M$ ならば

$$(16)\quad \begin{aligned}|G_p(\lambda)-G(\lambda)| &< |\sqrt{2}-G_p(\lambda)|+|\sqrt{2}-G(\lambda)| \\ &< |\sqrt{2}-G_p(M)|+|\sqrt{2}-G(M)| \\ &< |\sqrt{2}-G(M)|+|G(M)-G_p(M)|+|\sqrt{2}-G(M)| \\ &< 3\varepsilon.\end{aligned}$$

同様に $\lambda < -M$ なる時も

$$(17)\quad |G_p(\lambda)-G(\lambda)| < 3\varepsilon.$$

(15), (16), (17) により $G_p(\lambda)$ は $G(\lambda)$ に一様に収束する．

2°　必要であること． (1), (2), (3) を満足する $T(\lambda)$ が存在しないならば，$\mathfrak{M}$ の中に集積点をもたない列が存在することを証明しよう．$T(\lambda)$ が存在しないから，次の条件に適する正数 α，実数列 $\{\lambda_i\}$，$\mathfrak{M}$ の中の列 $\{P_i\}$ が存在する．

$$(18)\quad \lambda_1 < \lambda_2 \cdots \to \infty,$$

$$(19)\quad P_i([-\lambda_i, \lambda_i]) < \alpha < 1.$$

11 節の (11) により P_i に対応する G_i をとると (19) は

$$(20)\quad G_i(\lambda_i) - G_i(-\lambda_i) < \sqrt{2}\,\alpha < \sqrt{2}$$

となる．さて $\{P_i\}$ が集積点をもたないことを証明しよう．もし集積点をもつならば，これに $G(\lambda)$ が対応するとしよう．$G_i(\lambda)$ は λ に関して単調非減少なるゆえ，$i \geqq j$ ならば (20) から

$$(21)\quad G_i(\lambda_j) - G_i(-\lambda_j) < \sqrt{2}\,\alpha < \sqrt{2}.$$

ゆえに上式で $i \to \infty$ としてみると $G(\lambda)$ に対しても

$$(22)\quad G(\lambda_j) - G(-\lambda_j) \leqq \sqrt{2}\,\alpha < \sqrt{2}.$$

ゆえに (18) と (22) より

$$(23)\quad G(+\infty) - G(-\infty) \leqq \sqrt{2}\,\alpha < \sqrt{2}.$$

これは $G(+\infty) - G(-\infty) = \sqrt{2}$ に矛盾する．

§14　ℝ-確率測度の特性量

ℝ-確率測度を完全に表現するためには11節に述べたごとく $F(\lambda)$ によるにしてもまた $G(a)$ によるにしてもとにかく関数によらねばならない．しかしそれはかなり困難なことで，時にはもっと簡単にℝ-確率測度のある特徴を捉えてその性質を研究したい場合もある．かかる特徴をあらわす量をℝ-確率測度の**特性量**と呼ぼう．

ℝ-確率測度の特性量のうち最も簡単なものは平均値である．P をℝ-確率測度とする時，$\boldsymbol{P}$ **の平均値**とは

$$(1)\quad m(P) \equiv \int_{\mathbb{R}} \lambda P(d\lambda)$$

のことである．平均値を与えてもℝ-確率測度は定まるわけでもないし，また平均値が存在しない((1)式の右辺が収束しない)ようなℝ-確率測度もある．ℝ-確率測度を実数空間ℝの上の質量分布になぞらえて考えるならば，$m(P)$ はその重心に相当するもので，ℝ-確率測度の特性をただ一つの量であらわそうというのであれば，$m(P)$ を用いるのも一方法であろう．

定義3.2の例に挙げたポアソン分布の平均値は η である．何となれば

$$(2)\quad \sum_{k=0}^{\infty} k e^{-\eta}\frac{\eta^k}{k!} = \sum_{k=1}^{\infty} e^{-\eta}\frac{\eta^k}{(k-1)!} = \eta e^{-\eta}\sum_{k=1}^{\infty}\frac{\eta^{k-1}}{(k-1)!} = \eta.$$

また定義3.5の例2のガウス分布の平均値は m であることが簡単な計算で証明される．ポアソン分布はその平均値によって定まるので，上の分布を**平均値 $\boldsymbol{\eta}$ のポアソン分布**と呼ぶ．

すでに9節で平均値のことを述べたが，それは確率変数の属性としての平均値であった．本節の平均値はℝ-**確率測度の特性量としての平均値**である．この二つの平均値は論理的に厳密にいえば別個のものであるが，その間には密接な関係がある．すなわち実確率変数 x の9節の意味の平均値 $m(x)$ は x の確率法則 P_x の本節の意味の平均値 $m(P_x)$ に等しい．

$$m(x) = m(P_x).$$

平均値は必ずしも存在しないので，この代りに中位数を用いることがある．P の分布関数を $F(\lambda)$ とする時，$F(\lambda-0) \leqq \frac{1}{2} \leqq F(\lambda)$ となるような λ を $\boldsymbol{P}$ **の中位数**という．かかる λ が一義的に定まらないような場合には，それは一つの線分の上の点を構成する．この場合にはその線分の上のある一点を中位数ということにする．中位数という言葉も平均値と同様 ℝ-確率測度の特性量としてのみならず，実確率変数の属性としても用いられる．すなわち $P(x<\lambda) \leqq \frac{1}{2} \leqq P(x \leqq \lambda)$ なる λ を $\boldsymbol{x}$ **の中位数**という．x の中位数は x の確率法則の中位数に等しい．

$\frac{1}{\pi}\frac{1}{(\lambda-m)^2+1}$ を確率密度とする ℝ-確率測度を**コーシー分布**といい，ガウス分布やポアソン分布とならんで重要なものである．この分布の平均値は明らかに存在しないが，中位数は m である．

平均値の周囲に確率がどれほど集中しているかを示すのに標準偏差がある．ℝ-確率測度 $\boldsymbol{P}$ **の標準偏差**とは

(3)　$\sigma(P) \equiv \sqrt{\int_{\mathbb{R}} (\lambda - m(P))^2 P(d\lambda)}$

のことである．平均値が η のポアソン分布の標準偏差はやはり η である．また定義 3.5 の例 2 のガウス分布の標準偏差は σ である．ガウス分布は平均値と標準偏差とによって定まる．コーシー分布は標準偏差をもたない．

標準偏差もまた実確率変数の属性として用いられる．すなわち実確率変数 $\boldsymbol{x}$ **の標準偏差** $\boldsymbol{\sigma(x)}$ とは

(4)　$\sigma(x) \equiv \sqrt{m((x-m(x))^2)}$

のことである．この場合にも

(5)　$\sigma(x) = \sigma(P_x)$

である．また a を定数とするとき

$$\sigma(ax) = |a|\sigma(x), \quad \sigma(a+x) = \sigma(x).$$

さて実確率変数 x の平均値 $m(x)$ と標準偏差 $\sigma(x)$ とを知る時，x に関してどの程度のことが分かるであろうか．

定理 14.1　(ビヤンネメ(**Bienaymé**)の不等式*)

$$P(|x-m(x)|>t\sigma(x)) \leqq \frac{1}{t^2}.$$

証明

(6)　$(\sigma(x))^2 = \int_{\Omega} (x(\omega)-m(x))^2 P(d\omega).$

今 $\Omega_1 = (|x-m(x)|>t\sigma(x))$, $\Omega_2 = (|x-m(x)| \leqq t\sigma(x))$ とすれば $\Omega_1 \cup \Omega_2 = \Omega$, $\Omega_1 \cap \Omega_2 = \varnothing$. (6)の右辺において，$\Omega_1$ の上では $(x(\omega)-m(x))^2$ を $(t\sigma(x))^2$ にて置きかえ，Ω_2 の上では0にて置きかえると

$$(\sigma(x))^2 \geqq \int_{\Omega_1} (t\sigma(x))^2 P(d\omega) = (t\sigma(x))^2 P(\Omega_1)$$
$$= t^2(\sigma(x))^2 P(|x-m(x)|>t\sigma(x)).$$

ゆえに $\sigma(x) \neq 0$ ならば

$$P(|x-m(x)|>t\sigma(x)) \leqq \frac{1}{t^2}.$$

$\sigma(x)=0$ の時には $x=m(x)$ であって左辺は0であるから当然成立する.

本定理を $\mathbb{R}$-確率測度についていえば

定理 14.2　P を $\mathbb{R}$-確率測度とする時

$$P([m(P)-t\sigma(P),\ m(P)+t\sigma(P)]) \geqq 1-\frac{1}{t^2}.$$

本定理を用いて次の定理が得られる.

定理 14.3　$\mathbb{R}$-確率測度の集合 $\mathfrak{M}$ があって，$\mathfrak{M}$ に属する確率測度の平均値と標準偏差が共に有界ならば，$\mathfrak{M}$ は正規族をなす.

証明　$\mathfrak{M}$ に属する確率測度の平均値および標準偏差がそれぞれ $(-M, M)$ および $(0, M)$ 内にあるとする. $\mathfrak{M}$ の任意の元 P をとれ. しからば

$$m(P)-t\sigma(P) \geqq -M-tM = -M(1+t),$$
$$m(P)+t\sigma(P) \leqq M+tM = M(1+t).$$

ゆえに定理 14.2 により

$$P([-(1+t)M,\ (1+t)M]) \geqq 1-\frac{1}{t^2},$$

$P([-\lambda, \lambda]) \geqq 1-\left(\dfrac{M}{\lambda-M}\right)^2$　($\lambda=(1+t)M$ すなわち $t=\dfrac{\lambda-M}{M}$ と置け).

---

*　ビヤンネメの不等式は多くの文献でチェビシェフ(Chebyshev または Tchebychev)の不等式と呼ばれている.

右辺は定理 13. 2 の $T(\lambda)$ の条件を満す．ゆえに $\mathfrak{M}$ は正規族をなす．

標準偏差は後に述べるごとく非常に便利なものであるが(3)式の右辺の積分が発散する場合には ∞ となって都合が悪い．標準偏差と同様に $\mathbb{R}$-確率測度の集中程度を示すものとして P. Lévy は求心度なる概念を導入した．すなわち l を一つの正数とし

$$(7)\quad Q(P,l) \equiv \sup_{-\infty<\lambda<\infty} P([\lambda, \lambda+l])$$

を $\boldsymbol{l}$ **に関する** $\boldsymbol{P}$ **の求心度**という．sup は max で置きかえてよい．

$Q(P,l)$ は確率であって，標準偏差は長さであるから，必ずしも対応するものではない．そこで Lévy は $Q(P,l)$ の逆関数

$$(8)\quad \delta(P,\alpha) = \inf(l\,;\, Q(P,l) \geqq \alpha)$$

を**確率** $\boldsymbol{\alpha}$ **に対する** $\boldsymbol{P}$ **の偏差**と呼んだ．定理 14. 2 により

$$(9)\quad \delta\Big(P, 1-\frac{1}{t^2}\Big) \leqq 2t\sigma(P).$$

また P がガウス分布ならば

$$(10)\quad \delta(P,\alpha) = 2\sigma(P)\theta(\alpha)$$

$$\Big(\text{ただし } \theta(\alpha) \text{ は } \int_{-\theta(\alpha)}^{\theta(\alpha)} \frac{1}{\sqrt{2\pi}} e^{-\frac{t^2}{2}}\,dt = \alpha \text{ で定める}\Big).$$

また実確率変数 x に対しても $Q(x,l) \equiv \max_{-\infty<\lambda<\infty} P(\lambda \leqq x \leqq \lambda+l)$ により求心度が定義できるし，$Q(x,l) = Q(P_x,l)$ も明らかである．$\delta(x,l)$ についても同様である．

§15　独立な確率変数の和，$\mathbb{R}$-確率測度のたたみ込み

x, y が独立な実確率変数とする．E' が $\mathbb{R}^2$ の任意のボレル集合の時には，定理 8. 4 により

$$(1)\quad P_{(x,y)}(E') = \iint_{E'} P_x(d\lambda)P_y(d\mu).$$

今 E' として $\lambda+\mu \in E$（E は $\mathbb{R}$ 上のボレル集合）なる (λ,μ) の集合をとれば，(1)の左辺は $P(x+y \in E)$ に等しく，右辺は測度論におけるフビニ(Fubini)の定理により

(2)　$$\int_{-\infty}^{+\infty} P_x(d\lambda) \int_{E(-)\lambda} P_y(d\mu) = \int_{-\infty}^{+\infty} P_y(E(-)\lambda) P_x(d\lambda).$$

ここに $E(-)\lambda$ は $E(a-\lambda;\ a\in E)$ をあらわす．かくして次の定理を得る．

定理 15. 1　x と y とが独立な実確率変数の時

(3)　$$P_{x+y}(E) = \int_{-\infty}^{+\infty} P_y(E(-)\lambda) P_x(d\lambda) = \int_{-\infty}^{+\infty} P_x(E(-)\lambda) P_y(d\lambda).$$

定理 15. 2　P_1, P_2 を任意の $\mathbb{R}$-確率測度とする時，適当な確率空間 $(\Omega, \mathcal{F}, P)$ の上の適当な二つの確率変数 x, y を定義し，x, y が互いに独立で，かつそれの確率法則がそれぞれ P_1, P_2 であるようにできる．

証明　$\mathbb{R}^2$ の上のボレル集合 E に対して

(4)　$$P(E) \equiv \iint_E P_1(d\lambda) P_2(d\mu)$$

（(λ, μ) は $\mathbb{R}^2$ の上のある直交軸に対する座標とする）

と定義すれば P は $\mathbb{R}^2$ の上の確率測度である．次に

$$x((\lambda, \mu)) = \lambda, \quad y((\lambda, \mu)) = \mu$$

と定義すれば，x, y は確率空間 $(\mathbb{R}^2, P)$ の上の互いに独立な確率変数であって，その確率法則はそれぞれ P_1, P_2 である．

本定理を用いれば，P_1, P_2 が $\mathbb{R}$-確率測度である時，

(5)　$$P_3(E) \equiv \int_{-\infty}^{+\infty} P_2(E(-)\lambda) P_1(d\lambda)$$

もまた $\mathbb{R}$-確率測度なることを示すことができる．x, y を定理 15. 2 にいうところの x, y とする．定理 15. 1 により

$$P_{x+y}(E) = \int_{-\infty}^{\infty} P_y(E(-)\lambda) P_x(d\lambda) = \int_{-\infty}^{\infty} P_2(E(-)\lambda) P_1(d\lambda) = P_3(E).$$

ゆえに P_3 は $x+y$ の確率法則であって，$\mathbb{R}$-確率測度である．それゆえ次の定義は可能である．

定義 15. 1　P_1, P_2 を $\mathbb{R}$-確率測度とする時，

(6)　$$P_3(E) \equiv \int_{-\infty}^{\infty} P_2(E(-)\lambda) P_1(d\lambda)$$

なる $\mathbb{R}$-確率測度 P_3 を P_1, P_2 の**たたみ込み**といい，$\boldsymbol{P}_1 * \boldsymbol{P}_2$ にてあらわす．

系　たたみ込みに関しては次の大切な性質が成り立つ（証明は明白）．

(7)　$P_1 * P_2 = P_2 * P_1$.

(8)　$(P_1 * P_2) * P_3 = P_1 * (P_2 * P_3)$.

(9)　P_0 を 0 に確率 1 を付与する $\mathbb{R}$-確率測度とすれば，任意の $\mathbb{R}$-確率測度 P に対して

$$P_0 * P = P.$$

この性質のために P_0 を**単位確率測度**という．

定理 15.3　x, y が独立な実確率変数の時には

(10)　$(\sigma(x+y))^2 = (\sigma(x))^2 + (\sigma(y))^2$,

(11)　$Q(x+y, l) \leqq Q(x, l)$　(P. Lévy).

証明　$$\begin{aligned}(\sigma(x+y))^2 &= m(((x+y) - m(x+y))^2) \\ &= m((x - m(x) + y - m(y))^2) \\ &= m((x-m(x))^2) + m((y-m(y))^2) \\ &\quad +2m((x-m(x))(y-m(y))).\end{aligned}$$

x, y が独立なるゆえ，$x - m(x)$ と $y - m(y)$ とが独立である(定理 8.3)．ゆえに

$$\begin{aligned}m((x-m(x))(y-m(y))) &= m(x-m(x))m(y-m(y)) \\ &= (m(x)-m(x))(m(y)-m(y)) = 0.\end{aligned}$$

従って(10)を得る．

$$\begin{aligned}P(\lambda \leqq x+y \leqq \lambda + l) &= P_{x+y}([\lambda, \lambda+l]) \\ &= \int_{-\infty}^{\infty} P_x([\lambda - \mu,\ \lambda - \mu + l]) P_y(d\mu) \\ &\leqq \int_{-\infty}^{\infty} Q(x, l) P_y(d\mu) = Q(x, l).\end{aligned}$$

λ を動かして左辺の上限をとれば(11)を得る．

定理 15.4　P_1, P_2 を $\mathbb{R}$-確率測度とする時，

(12)　$m(P_1 * P_2) = m(P_1) + m(P_2)$,

(13)　$(\sigma(P_1 * P_2))^2 = (\sigma(P_1))^2 + (\sigma(P_2))^2$,

(14)　$Q(P_1 * P_2, l) \leqq Q(P_1, l)$.

証明　定理 15.2 により，P_1, P_2 を独立な確率変数 x, y の確率法則と見なし得る．しからば

$$P_{x+y} = P_x * P_y = P_1 * P_2.$$

さて

$$m(x+y) = m(x) + m(y) \qquad (\text{定理 } 9.1).$$

しかるに $m(x+y)=m(P_{x+y})=m(P_1*P_2)$, $m(x)=m(P_1)$, $m(y)=m(P_2)$ なることは14節で注意した．ゆえに(12)を得る．同様に(13),(14)を得る．(14節および定理15.3による．)

たたみ込みは $\mathbb{R}$-確率測度の集合における重要な演算であるが，それは定義によれば面倒なものである．そこで，$\mathbb{R}$-確率測度を他の量で表現して，その表現の結果たたみ込みが簡単な演算となることは望ましい．定理15.4によれば，$\mathbb{R}$-確率測度 P を2次元のベクトル $v(P) \equiv (m(P), (\sigma(P))^2)$ にて表現する時は，$v(P_1*P_2)=v(P_1)+v(P_2)$ を得る．すなわちたたみ込みは2次元ベクトル空間の加法として反映する．これが平均値や標準偏差が同様な他の特性量に比して優れた点である．しかしこれにも次の欠点がある．

(15)　$v(P)$ はすべての P に対して存在するとはいえない．

(16)　$v(P_1) = v(P_2)$ でも $P_1 = P_2$ とは限らない．

元来 $\mathbb{R}$-確率測度の集合は一種の関数空間であって，これをわずか2次元のベクトル空間で表現することは無理で，その表現が一対一とならないのは当然である．

これらの欠点から完全に脱したものがP. Lévyによって考察された特性関数である．

§16　特性関数

定義 16.1　x を $(\Omega, \mathcal{F}, P)$ の上の実確率変数とする時，実変数 z の関数 $m(e^{izx})$ を $\boldsymbol{x}$ の **q** **特性関数**といい，$\varphi_x(z)$ にてあらわす．(z が実数の時には $|e^{izx}| \leqq 1$ なるゆえ $m(e^{izx})$ は必ず存在する．)

系 1　a を定数とすれば $\varphi_{ax}(z)=\varphi_x(az)$, $\varphi_{a+x}(z)=e^{iza}\varphi_x(z)$.

系 2　$\varphi_x(z)$ は z の連続関数である．

定理 16.1　x, y が互いに独立な確率変数とする時

(1)　$\varphi_{x+y}(z)=\varphi_x(z)\varphi_y(z).$

証明　$\varphi_{x+y}(z)=m(e^{iz(x+y)})$

$$=m(e^{izx}e^{izy}).$$

x と y とが独立なるゆえ，e^{izx} と e^{izy} とも独立である(定理 8.3)．ゆえに

$$m(e^{izx}e^{izy})=m(e^{izx})m(e^{izy}) \qquad (\text{定理 } 9.2).$$

従って(1)を得る．

定義 16.2　P_1 を $\mathbb{R}$-確率測度とする時，$\displaystyle\int_{-\infty}^{\infty}e^{iz\lambda}P(d\lambda)$ を $\boldsymbol{P}$ **の特性関数**といい，$\varphi_{P_1}(z)$ にてあらわす．

系　$\varphi_x(z)=\varphi_{P_x}(z).$

定理 16.2　$P_3=P_1*P_2$ ならば $\varphi_{P_3}(z)=\varphi_{P_1}(z)\varphi_{P_2}(z).$

証明　定理 15.2 により P_1,P_2 をある確率空間の上の独立な確率変数 x,y の確率法則と見なし得る．

$$P_1=P_x,\ P_2=P_y \ \text{ ゆえに } \ P_{x+y}=P_x*P_y=P_1*P_2=P_3.$$

さて，$\varphi_{x+y}(z)=\varphi_x(z)\varphi_y(z)$ (定理 16.1)．しかるに

$$\varphi_{x+y}(z)=\varphi_{P_3}(z), \quad \varphi_x(z)=\varphi_{P_1}(z), \quad \varphi_y(z)=\varphi_{P_2}(z) \quad (\text{定義 } 16.2 \text{ 系}).$$

従って

$$\varphi_{P_3}(z)=\varphi_{P_1}(z)\varphi_{P_2}(z).$$

この定理でたたみ込みなる演算は特性関数の掛け算として表現されることが分かった．さらに便利なことは $\mathbb{R}$-確率測度とその特性関数との関係が一対一の対応関係なることである．すなわち

定理 16.3　a,b が $\mathbb{R}$-確率測度の連続点なる時には

(2)　$\displaystyle P_1([a,b])=\frac{1}{2\pi}\lim_{C\to\infty}\int_{-C}^{C}\frac{e^{-iza}-e^{-izb}}{iz}\varphi_{P_1}(z)dz.$

註　連続点を端とする区間 $[a,b]$ の確率が定まれば，$\mathbb{R}$-確率測度そのものが定まることは，不連続点が高々可算個しかないことから容易に分かる．

証明

$$\begin{aligned}\int_{-C}^{C}\frac{e^{-iza}-e^{-izb}}{iz}\varphi_{P_1}(z)dz &= \int_{-C}^{C}dz\int_a^b e^{-iz\lambda}d\lambda\int_{-\infty}^{+\infty}e^{iz\mu}P_1(d\mu)\\ &= \int_{-\infty}^{\infty}P_1(d\mu)\int_a^b d\lambda\int_{-C}^{C}e^{iz(\mu-\lambda)}dz\end{aligned}$$

$$
\begin{aligned}
&= \int_{-\infty}^{\infty} P_1(d\mu) \int_a^b d\lambda \frac{e^{iC(\mu-\lambda)} - e^{-iC(\mu-\lambda)}}{i(\mu-\lambda)} \\
&= \int_{-\infty}^{\infty} P_1(d\mu) \int_a^b \frac{2\sin C(\mu-\lambda)}{\mu-\lambda} d\lambda \\
&= \int_{-\infty}^{\infty} 2P_1(d\mu) \int_{C(a-\mu)}^{C(b-\mu)} \frac{\sin\xi}{\xi} d\xi \quad (\xi = C(\lambda-\mu)) \\
&= 2(I_1 + I_2 + I_3).
\end{aligned}
$$

ここに

$$
\begin{aligned}
I_1 &= \int_{-\infty}^{a-0} P_1(d\mu) \int_{C(a-\mu)}^{C(b-\mu)} \frac{\sin\xi}{\xi} d\xi, \\
I_2 &= \int_{a+0}^{b-0} P_1(d\mu) \int_{C(a-\mu)}^{C(b-\mu)} \frac{\sin\xi}{\xi} d\xi, \\
I_3 &= \int_{b+0}^{\infty} P_1(d\mu) \int_{C(a-\mu)}^{C(b-\mu)} \frac{\sin\xi}{\xi} d\xi.
\end{aligned}
$$

I_1 の積分範囲が $a-0$ で終っているのに，I_2 が $a+0$ から始まっても差し支えないのは，a が P_1 の連続点であるからである．b についても同様．

有名な定積分の公式

$$\int_{-\infty}^{\infty} \frac{\sin\xi}{\xi} d\xi = 2\int_0^{\infty} \frac{\sin\xi}{\xi} d\xi = \pi$$

により，$\mu > b$ または $\mu < a$ ならば

$$\lim_{C\to\infty} \int_{C(a-\mu)}^{C(b-\mu)} \frac{\sin\xi}{\xi} d\xi = 0.$$

$a < \mu < b$ ならば

$$\lim_{C\to\infty} \int_{C(a-\mu)}^{C(b-\mu)} \frac{\sin\xi}{\xi} d\xi = \pi.$$

ゆえに $C \to \infty$ の時，I_1, I_2, I_3 はそれぞれ $0, \pi P([a,b]), 0$ に収束する．すなわち本定理は証明された．

例 1　区間 (a,b) の上の一様分布の特性関数

$$\int_a^b e^{iz\lambda} \frac{d\lambda}{b-a} = \frac{e^{ibz} - e^{iaz}}{iz(b-a)}. \tag{3}$$

例 2　平均値 m，標準偏差 σ のガウス分布 $G(m,\sigma)$ の特性関数は

$$\int_{-\infty}^{\infty} e^{iz\lambda} \frac{1}{\sqrt{2\pi}\,\sigma} e^{-\frac{(\lambda-m)^2}{2\sigma^2}} d\lambda = e^{imz - \frac{\sigma^2}{2} z^2}. \tag{4}$$

定理 16. 2 と定理 16. 3 とを用いれば，(4) より

$$G(m,\sigma)*G(m',\sigma')=G(m+m',\sqrt{\sigma^2+\sigma'^2}).$$

例 3　平均値 μ のポアソン分布 $P(\mu)$ の特性関数は

$$\begin{aligned}\sum_{k=0}^{\infty}e^{izk}e^{-\eta}\frac{\eta^k}{k!}&=e^{-\eta}\sum_{k=0}^{\infty}\frac{1}{k!}(\eta e^{iz})^k\\&=e^{-\eta}\exp(\eta e^{iz})\\&=\exp(\eta(e^{iz}-1)).\end{aligned}$$

ゆえに

$$P(\mu)*P(\mu')=P(\mu+\mu').$$

例 4　コーシー分布(14 節)の特性関数は

$$\int_{-\infty}^{\infty}\frac{1}{\pi}e^{iz\lambda}\frac{1}{(\lambda-m)^2+1}d\lambda=e^{imz-|z|}.$$

§17　ℝ-確率測度とその特性関数との位相的関係

前節において ℝ-確率測度とその特性関数との間に一対一の対応関係があることを述べたが，この対応によって，ℝ-確率測度の集合の位相的性質がいかになるかについて次の定理がある．

定理 17.1　(P. Lévy)　ℝ-確率測度の列 $\{P_n\}$ がある ℝ-確率測度に収束するための必要充分条件は，$\{\varphi_{P_n}(z)\}$ が $-\infty<z<\infty$ で収束しかつ $z=0$ の近傍(いかに小さくてもよい)で一様収束することである．

註　$\{P_n\}$ が収束するならば $\{\varphi_{P_n}(z)\}$ は任意の有界な区間で一様に収束する．すなわち $\{\varphi_{P_n}(z)\}$ が $-\infty<z<\infty$ で広義に一様収束することは $\{P_n\}$ が収束するための必要条件である．この定理 17.1 によれば，それが充分条件であるのは論を俟(ま)たない．ただ必要条件としては $\{\varphi_{P_n}(z)\}$ が広義に一様収束するといった方がよいし，充分条件としては定理 17.1 の書き方が便利である．次の証明はそのつもりで見ていただきたい．

証明　**1° 必要であること．** $\{P_n\}$ が P に収束するという仮定から，$\{\varphi_{P_n}(z)\}$ が $|z|\leqq a$ で一様に収束することを証明すればよい．P_n, P の分布関数をそれぞれ $F_n(\lambda)$, $F(\lambda)$ とする．

任意の正数 ε に対して，M を充分大きくとれば，

(1)　$F(-M)+1-F(M)<\varepsilon.$

ここに $-M, M$ は $F(\lambda)$ の連続点と仮定して差し支えない．次に $-M$ と M との間に分点 $-M=m_0<m_1<m_2<\cdots<m_{k-1}<m_k=M$ をとって

(2)　$m_j\ (j=1,2,\cdots,k)$ は $F(\lambda)$ の連続点,

(3)　$|m_j-m_{j-1}|<\varepsilon\quad (j=1,2,\cdots,k)$

ならしめ得る．

m_j は $F(\lambda)$ の連続点であるから定理 12.2 により，$n\to\infty$ の時 $F_n(m_j)$ は $F(m_j)$ に収束する．ゆえに N を充分大きくとれば，$n>N$ なる限り

(4)　$|F_n(m_j)-F(m_j)|<\dfrac{\varepsilon}{k}\quad (j=0,1,2,\cdots,k)$

ならしめ得る．

(4)における $j=0$ および $j=k$ に対する条件と(1)とを用いて $n>N$ なる限り

(5)　$F_n(-M)+1-F_n(M)<3\varepsilon.$

ゆえに(1), (5)より

(6)　$$\left|\varphi_{P_n}(z)-\varphi_P(z)-\int_{-M}^{M}e^{iz\lambda}d(F_n(\lambda)-F(\lambda))\right|<4\varepsilon.$$

また $-a\leqq z\leqq a$ では $\left|\dfrac{d}{d\lambda}e^{iz\lambda}\right|=|e^{iz\lambda}iz|\leqq a$ なるゆえ

(7)　$$\begin{aligned}&\left|\int_{-M}^{M}e^{iz\lambda}d(F_n(\lambda)-F(\lambda))-\sum_{j=1}^{k}e^{izm_j}\Delta_j(F_n(\lambda)-F(\lambda))\right|\\ &\leqq\sum_{j=1}^{k}a|m_j-m_{j-1}|\,|\Delta_j(F_n(\lambda)-F(\lambda))|\\ &\leqq a\varepsilon\left(\int_{-M}^{M}|dF_n(\lambda)|+\int_{-M}^{M}|dF(\lambda)|\right)\leqq 2a\varepsilon.\end{aligned}$$

ここに

$$\Delta_j(F_n(\lambda)-F(\lambda))=(F_n(m_j)-F(m_j))-(F_n(m_{j-1})-F(m_{j-1})).$$

また(4)により

(8)　$$\left|\sum_{j=1}^{k}e^{izm_j}\Delta_j(F_n(\lambda)-F(\lambda))\right|<2\varepsilon.$$

(6), (7), (8)より

$$|\varphi_{P_n}(z) - \varphi_P(z)| < (6+2a)\varepsilon, \qquad \text{Q. E. D.}$$

2° 充分であること． $\{\varphi_{P_n}(z)\}$ が $z=0$ のある近傍 $(-a,a)$ で一様に $\varphi(z)$ に収束するという仮定から，$\{P_n\}$ がある ℝ-確率測度に収束することを証明すればよい．

まず帰謬法（きびゅうほう）を用いて，$\{P_n\}$ が正規族をなすことを証明する．定理 13.2 によれば，もし $\{P_n\}$ が正規族でなければ，ある正数 ε_0 に対しては，いかなる正数 l に対しても

(9)　$P_{n_l}([-l,l]) < 1-\varepsilon_0$

なる n_l が存在する．もちろん n を固定すれば $\lim_{l\to\infty} P_n([-l,l])=1$ なるゆえ，n_l は l と共に増大して $\lim_{l\to\infty} n_l = \infty$ である．

今 ζ を a よりも小さく，また $(0,\zeta)$ 間における $\varphi(z)$ の振幅が $\dfrac{\varepsilon_0}{3}$ を超えないほど小さくとると

(10)　$$\frac{1}{\zeta}\left|\int_0^\zeta \varphi(z)dz\right| > \frac{1}{\zeta}\left|\int_0^\zeta \varphi(0)dz\right| - \frac{\varepsilon_0}{3} = 1-\frac{\varepsilon_0}{3}.$$

しかるに，P_{n_l} の特性関数を $\varphi_l(z)$ にてあらわすと

$$\begin{aligned}\int_0^\zeta \varphi_l(z)dz &= \int_0^\zeta dz \int_{-\infty}^{\infty} e^{iz\lambda} P_{n_l}(d\lambda)\\ &= \int_{-\infty}^{\infty}\left(\int_0^\zeta e^{iz\lambda}dz\right)P_{n_l}(d\lambda)\\ &= \int_{-l-0}^{l+0}\left(\int_0^\zeta e^{iz\lambda}dz\right)P_{n_l}(d\lambda) + \int_{|\lambda|>l}\left(\int_0^\zeta e^{iz\lambda}dz\right)P_{n_l}(d\lambda).\end{aligned}$$

第一の積分内では

$$\left|\int_0^\zeta e^{iz\lambda}dz\right| \leqq \zeta.$$

第二の積分内では

$$\left|\int_0^\zeta e^{iz\lambda}dz\right| = \left|\frac{e^{i\zeta\lambda}-1}{i\lambda}\right| \leqq \frac{2}{l}.$$

ゆえに

$$\left|\int_0^\zeta \varphi_l(z)dz\right| \leqq \zeta(1-\varepsilon_0) + \frac{2}{l}\cdot 1.$$

ゆえに

$$\frac{1}{\zeta}\left|\int_0^\zeta \varphi_l(z)dz\right| < 1-\varepsilon_0+\frac{2}{l\zeta}.$$

ゆえに $l > \dfrac{6}{\zeta\varepsilon_0}$ なるようにとれば

$$(11)\quad \frac{1}{\zeta}\left|\int_0^\zeta \varphi_l(z)\right| < 1-\varepsilon_0+\frac{\varepsilon_0}{3} < 1-\frac{2}{3}\varepsilon_0.$$

$l\to\infty$ とすれば $n_l\to\infty$ なるゆえ

$$\lim_{l\to\infty}\varphi_l(z)=\lim_{n\to\infty}\varphi_{P_n}(z)=\varphi(z).$$

しかも $(0,\zeta)$ 間では，この収束は一様なるゆえ，(11)から

$$(12)\quad \frac{1}{\zeta}\left|\int_0^\zeta \varphi(z)\right| \leqq 1-\frac{2}{3}\varepsilon_0.$$

これは(10)と矛盾する．

ゆえに $\{P_n\}$ が正規族をなすことがわかった．今この集合の集積点($\mathbb{R}$-確率測度)が二つあるとする．これを P', P'' とする．

$$P_{k_1},\ P_{k_2},\ \cdots \to P',$$
$$P_{h_1},\ P_{h_2},\ \cdots \to P''$$

ならば，本証明 1° により

$$\varphi_{P'}(z)=\lim_{n\to\infty}\varphi_{P_{k_n}}(z)=\varphi(z),$$
$$\varphi_{P''}(z)=\lim_{n\to\infty}\varphi_{P_{h_n}}(z)=\varphi(z).$$

ゆえに $\varphi_{P'}(z)=\varphi_{P''}(z)$．定理 16. 3 により $P'=P''$．ゆえに $\{P_n\}$ はある確率測度に収束する．

第3章

確率空間の構成

§18　確率空間構成の必要

“サイコロを無限回投げる” という試行に対応する確率空間を定義するためには，標識として $1, 2, 3, 4, 5, 6$ のいずれかを項とする無限数列 $(\omega_1, \omega_2, \omega_3, \cdots)$ を選ばなければならない．かかる数列の集合 Ω に適当に完全加法族および確率測度 P を入れて，それが問題の試行に対応する確率空間となったとする．今 $\omega=(\omega_1, \omega_2, \cdots)$ に対して $x_i(\omega)=\omega_i$ と定義すれば，x_i は第 i 番目に出る目の数を示す確率変数である．従って

(1)　$P(x_i=1)=P(x_i=2)=P(x_i=3)=P(x_i=4)=P(x_i=5)$

$$=P(x_i=6)=\frac{1}{6}$$

がすべての i に対して成立しなければならないし，また

(2)　$x_1, x_2, x_3, \cdots$ が独立であること

が必要である．

この(1)，(2)の条件は結局確率測度 P の定め方に対する要求であって，この要求を満す確率測度を導入することにより始めて問題とする試行を研究する数学的な模型ができたのである．このように確率論を応用するために確率空間を構成する必要が生ずる．

確率空間を構成する必要は以上のごとき実際的応用の場合以外においても生ずる．確率論における定理の大部分は一つあるいは多数の確率変数に対する仮定からある結論を導くことを目的とする．その際，確率空間は常に裏に隠されている．しかし“その定理の仮定を満足するような確率変数が存在しない”すなわち“いかなる確率空間の上にもそのような仮定を満す確率変数が存在しない”ようでは，その定理は無意味である．ゆえにある条件を満す確率変数を載せている確率空間を構成することは純粋数学的にも必要である．かかる確率空間とその上の確率変数を作ることを**これこれの条件を満す確率変数の組を構成する**という．確率空間の存在というのはもとより論理的な存在であって，それに対応する試行が実際に行われるかどうかは別問題である．

本章においては確率空間を構成するためにしばしば用いられる定理とその応用について述べてみたい．

§19　拡張定理(1)

Ω を任意の空間とし，$\mathcal{F}'$ を Ω の上の**有限加法族**とする．すなわち $\mathcal{F}' \ni E$ ならば $\mathcal{F}' \ni \Omega - E$ で $\mathcal{F}' \ni E, E'$ ならば $\mathcal{F}' \ni E \cup E'$ とする．$\mathcal{F}'$ に属する集合 E' に対して定義された集合関数 $P'(E')$ があって，$P'(E') \geqq 0$，$P'(\Omega) = 1$，$E_1' \cap E_2' = \varnothing$ ならば $P'(E_1' \cup E_2') = P(E_1') + P(E_2')$ なる時，$P'(E')$ を**有限加法的確率測度**という．一般に有限加法的確率測度を導入することは比較的容易であるので，まずこれを導入した後，それを(完全加法的)確率測度になるように拡張する．そのために次の定理が有効である．

定理 19.1　**(拡張定理)**

$\mathcal{F}'$ を Ω の上の有限加法族とし，$\mathcal{F}'$ を含む最小の完全加法族を $\mathcal{F}$ とする．P' を $(\Omega, \mathcal{F}')$ の上の有限加法的な確率とする．P' を拡張して $(\Omega, \mathcal{F})$ の上の(完全加法的な)確率測度 P を定義できるための必要充分条件は P' が $\mathcal{F}'$ の中で完全加法的なことである．すなわち $E_1', E_2', \cdots$ が互いに共通点のない $\mathcal{F}'$ の元(集合)で，その和集合 E' もまた $\mathcal{F}'$ に属するならば

(1)　$P'(E') = \sum_1^\infty P'(E_i')$.

この条件が満足されている時，この拡張は一義的である．

註　P' が有限加法的な確率測度であることを考慮すれば，この条件は次の条件と同等である．

(2)　$E_1', E_2', \cdots, E' \in \mathcal{F}'$, $E_1' \subset E_2' \subset \cdots \to E'$ ならば

$$\lim_{n\to\infty} P'(E_n') = P'(E').$$

(3)　$E_1', E_2', \cdots, E' \in \mathcal{F}'$, $E_1' \supset E_2' \supset \cdots \to E'$ ならば

$$\lim_{n\to\infty} P'(E_n') = P'(E').$$

(4)　$E_1', E_2', \cdots \in \mathcal{F}'$, $E_1' \supset E_2' \supset \cdots \to \varnothing$(空集合)ならば

$$\lim_{n\to\infty} P'(E_n') = 0.$$

証明　(E. Hopf[1]による．) 必要なことは明らかであるから，充分なことだけ証明する．

任意の $E(\subset \Omega)$ に対して

(5)　$\bar{P}(E) \equiv \inf\left(\sum P'(E_i');\ E \subset \bigcup_{i=1}^{\infty} E_i',\ E_i' \in \mathcal{F}'\right)$

と定義すると，$\bar{P}$ は**カラテオドリ**(Carathéodory)**の外測度**である．すなわち

(6)　$\bar{P}\left(\bigcup_{i=1}^{\infty} E_i\right) \leqq \sum_{i=1}^{\infty} \bar{P}(E_i).$

次に Ω の任意の部分集合 W に対して

(7)　$\bar{P}(W) = \bar{P}(E \cap W) + \bar{P}(W - E \cap W)$

を満足する E を**カラテオドリの意味で可測** $(\bar{P})$ であるという．測度論におけるカラテオドリの定理によれば，かかる集合 E の系 $\bar{\mathcal{F}}$ は一つの完全加法族を作り，$\bar{P}$ は $(\Omega, \bar{\mathcal{F}})$ の上の(完全加法的な)確率測度である．

次に $\bar{\mathcal{F}} \supset \mathcal{F}$ を証明しよう．$\mathcal{F}$ の定義によれば $\bar{\mathcal{F}} \supset \mathcal{F}'$ をいえばよい．すなわち $\mathcal{F}'$ に属する集合 E' はカラテオドリの意味で可測 $(\bar{P})$ なることを示せば充分である．W を任意の集合とし，$W \subset \cup E_i'$ かつ $E', E_1', \cdots \in \mathcal{F}'$ とする．

(8)　$E' \cap W \subset \cup(E' \cap E_i').$

(9)　$W - (E' \cap W) \subset \cup(E_i' - (E' \cap E_i')).$

ゆえに

$$\begin{aligned}\sum P'(E_i') &= \sum P'(E' \cap E_i') + \sum P'(E_i' - (E_i' \cap E')) \\ &\geqq \bar{P}(E' \cap W) + \bar{P}(W - (E' \cap W)).\end{aligned}$$

左辺の下限をとれば

$$\bar{P}(W) \geqq \bar{P}(E' \cap W) + \bar{P}(W - E' \cap W).$$

また(6)により

$$\bar{P}(W) \leqq \bar{P}(E' \cap W) + \bar{P}(W - E' \cap W)$$

は明らか．ゆえに

$$\bar{P}(W) = \bar{P}(E' \cap W) + \bar{P}(W - E' \cap W).$$

従って E' はカラテオドリの意味で可測 $(\bar{P})$ である．

ゆえに $\mathcal{F}$ に属する集合 E に対して $P(E)=\bar{P}(E)$ と定義すれば P は $(\Omega, \mathcal{F})$ の上の確率測度である．残るのは，任意の $E'(\in \mathcal{F}')$ に対して $P'(E')=P(E')$ なることの証明である．

(10)　$E' \subset \cup E_i',\quad E', E_1', E_2', \cdots \in \mathcal{F}'$

とすれば，P' が $\mathcal{F}'$ の中では完全加法的なることに注意して

$$\sum P'(E_i') \geqq \sum P'(E' \cap E_i') \geqq P'(E').$$

ゆえに

$$\bar{P}(E') \geqq P'(E').$$

また $E' \subset E' \cup \emptyset \cup \emptyset \cup \cdots$ なるゆえ $\bar{P}(E') \leqq P'(E')$.

ゆえに $\bar{P}(E')=P'(E')$．すなわち $P(E')=P'(E')$．なお拡張の一義性は容易に証明できる．

§20　拡張定理(2)

無限個の試行を同時に考える場合にしばしば必要な Kolmogoroff[1]の拡張定理を述べる．まず準備として言葉の定義をする．A を任意の集合とする時，A の各元 α に実数を対応させるような対応の全体を $\mathbb{R}^A$ にてあらわす．$\mathbb{R}^A$ の元を $(\omega_\alpha ; \alpha \in A)$ というふうにあらわす．例えば $\mathbb{R}^{\mathbb{R}}$ はあらゆる実関数の集合である．次に $\mathbb{R}^A$ から $\mathbb{R}^n$ への写像

(1)　$p_{\alpha_1\alpha_2\cdots\alpha_n}(\omega) = (\omega_{\alpha_1}, \omega_{\alpha_2}, \cdots, \omega_{\alpha_n}),\quad \omega = (\omega_\alpha ; \alpha \in A)$

を定義する．今 E' を $\mathbb{R}^n$ のボレル集合とする時，$p^{-1}_{\alpha_1\alpha_2\cdots\alpha_n}(E')$ を $(\alpha_1\alpha_2\cdots\alpha_n)$ の上の**ボレル筒集合**と呼ぶことにする．かかる集合は $\mathbb{R}^A$ の上の完全加法族

を構成する．これを $(\boldsymbol{\alpha}_1\boldsymbol{\alpha}_2\cdots\boldsymbol{\alpha}_n)$ **の上のボレル集合系**といい $\mathcal{F}_{\alpha_1\alpha_2\cdots\alpha_n}$ にてあらわす．$\alpha_1,\alpha_2,\cdots,\alpha_n$ のとり方により種々な $\mathcal{F}_{\alpha_1\alpha_2\cdots\alpha_n}$ が得られるが，それらをすべて含む最小の完全加法族を $\mathcal{F}$ とする．$\mathcal{F}$ に属する集合を $\mathbb{R}^{\boldsymbol{A}}$ **のボレル集合**といい，$\mathcal{F}$ を $\mathbb{R}^{\boldsymbol{A}}$ **のボレル集合系**と呼ぶ．

定理 20. 1　(A. Kolmogorov)　$\mathbb{R}^A$ の上の集合関数 P が与えられていて，A の任意の有限部分集合 $\alpha_1,\alpha_2,\cdots,\alpha_n$ に対して，P が $(\mathbb{R}^A,\mathcal{F}_{\alpha_1\alpha_2\cdots\alpha_n})$ の上の確率測度となっている時には，P を拡張して $(\mathbb{R}^A,\mathcal{F})$ の上の確率測度とすることができる．

証明　P が $\mathbb{R}^A$ の上の有限加法的な確率測度なることは明らかである．ゆえに 19 節の拡張定理により，

(2)　$E_1\supset E_2\supset\cdots$　(E_i はすべて筒集合),

(3)　$P(E_i)>\varepsilon_0\quad(i=1,2,\cdots)$

から

(4)　$\bigcap_i E_i\neq\varnothing$

を出せばよい．E_i がすべてある $\mathcal{F}_{\alpha_1\alpha_2\cdots\alpha_n}$ に属するならば(4)は明らかである．何となれば P は $(\mathbb{R}^A,\mathcal{F}_{\alpha_1\alpha_2\cdots\alpha_n})$ の上の確率測度であるから．ゆえに

(5)　$E_i\in\mathcal{F}_{\alpha_1\alpha_2\cdots\alpha_i}$

となるような $\alpha_1\alpha_2\cdots$ が存在すると仮定しても一般性を失わない．(例えば $E_1\in\mathcal{F}_{\beta_1\beta_2}$ というような場合には $E_1'=\Omega$，$E_2'=E_1$ とすれば $E_1'\in\mathcal{F}_{\beta_1}$，$E_2'\in\mathcal{F}_{\beta_1\beta_2}$．かかる方法で得られた $E_1',E_2',\cdots$ について問題を論ずればよいから.)

まず次の条件に適する V_n が存在する．

(6)　$E_n\supset V_n$,

(7)　$P(E_n-V_n)<\dfrac{\varepsilon_0}{2^{n+1}}$,

(8)　$U_n\equiv p_{\alpha_1\alpha_2\cdots\alpha_n}(V_n)$ は $\mathbb{R}^n$ の有界な閉集合.

次に

(9)　$W_n\equiv V_1\cap V_2\cap\cdots\cap V_n$

と置くと,

(10)　$P(E_n-W_n)=P\Big(\bigcup_{i=1}^{n}(E_n-(V_i\cap E_n))\Big)$

$$\leqq P\left(\bigcup_{i=1}^{n}(E_i - V_i)\right) < \sum_{1}^{n} \frac{\varepsilon_0}{2^{i+1}} < \frac{\varepsilon_0}{2}.$$

$W_n \subset V_n \subset E_n$ から(10)により

(11)　$P(W_n) > P(E_n) - \dfrac{\varepsilon_0}{2} > \dfrac{\varepsilon_0}{2}.$

ゆえに $W_n \neq 0$. $\{W_n\}$ の各々からそれぞれ $\xi^{(n)}$ なる点をとる.

(12)　$\xi^{(n)} \equiv (\omega_\alpha^{(n)};\ \alpha \in A)$

とせよ. $\xi^{(n+p)} \in W_{n+p} \subset V_n\ (p=0,1,2,\cdots)$ なるゆえ

(13)　$(\omega_{\alpha_1}^{(n+p)}, \cdots, \omega_{\alpha_n}^{(n+p)}) \subset p_{\alpha_1\alpha_2\cdots\alpha_n}(V_n) = U_n \quad (p=0,1,2,\cdots)$

(8)により $(\omega_{\alpha_n}^{(1)}, \omega_{\alpha_n}^{(2)}, \omega_{\alpha_n}^{(3)}, \cdots, \omega_{\alpha_n}^{(n)}, \omega_{\alpha_n}^{(n+1)}, \omega_{\alpha_n}^{(n+2)}, \cdots)$ は有界な実数列である. (n 項以後が(8)と(13)とにより有界. 最初の $(n-1)$ 項を付加しても有界なことには変りはない.) ゆえに収束する部分列をもつ. 対角線法により, $(\omega_{\alpha_n}^{(s^1)}, \omega_{\alpha_n}^{(s^2)}, \cdots)$ が収束するような $(s^1, s^2, \cdots)$ を n に無関係に選ぶことができる. この極限値をそれぞれ ω_n とする.

(14)　$\omega_{\alpha_n} = \omega_n \qquad (n=1,2,\cdots),$

$\qquad\ \ \omega_\alpha = 0 \qquad (\alpha \neq \alpha_1, \alpha_2, \cdots)$

と定義すれば, U_n が閉集合であるから, $(\omega_1, \omega_2, \cdots, \omega_n)$ は U_n に属する. ゆえに $(\omega_\alpha;\ \alpha \in A)$ はすべての V_n に属し, 従ってもちろん E_n に属する.

ゆえに $\bigcap_n E_n \neq \varnothing$.

§21　マルコフ連鎖

A. Markov は次のごとき試行の列を考察した.

(1)　各試行の結果には有限個の可能な場合があって, これを $1, 2, \cdots, m$ にて標識づけるとする.

(2)　第一の試行の結果が $1, 2, \cdots, m$ となる確率はそれぞれ $p_1, p_2, \cdots, p_m$ である.

(3)　第 n 回までの試行の結果が $i_1, i_2, \cdots, i_n$ の時, 第 $(n+1)$ 回の試行の結果が i となる(条件付)確率は $p_{i_1 i_2 \cdots i_n i}$ である.

ここに用いた確率あるいは条件付確率という語は常識的な意味で解釈されるべきである．しかしながらこの試行の列に対応して次のごとく確率空間を構成するならば，第1章で述べた意味の確率あるいは条件付確率と一致するようにできる．そのためには前節の拡張定理を用いなければならない．

まず確率空間 Ω の点としては，無限回の試行の結果を記録して得られる系列とする．これを ω または $(\omega_1, \omega_2, \cdots)$ にてあらわそう．今

$$\omega = (\omega_1, \omega_2, \cdots, \omega_i, \cdots) \text{ に対して } x_i(\omega) = \omega_i$$

とすれば x_i は第 i 回目の試行の結果を示すもので，確率空間を構成し得た後は，確率変数となるべきものである．$x_1, x_2, \cdots$ に関連する条件をもってその条件を成立させる ω の集合をあらわすことにするのは今まで通りとする．

我々の目的は Ω の上に適当に確率測度 P を定義し，

$$(4)\quad P(x_{n+1} = i \mid (x_1 = i_1, x_2 = i_2, \cdots, x_n = i_n)) = p_{i_1 i_2 \cdots i_n i},$$
$$P(x_1 = i) = p_i$$

となるようにすることである．

Ω の筒集合 $(x_1 = i_1, x_2 = i_2, \cdots, x_n = i_n)$ に対しては

$$(5)\quad P(x_1 = i_1, x_2 = i_2, \cdots, x_n = i_n) = p_{i_1} p_{i_1 i_2} p_{i_1 i_2 i_3} \cdots p_{i_1 i_2 \cdots i_n}$$

により確率を与える．これが前節の定理の P' である．これを拡張して Ω の上の確率分布を定義することができる．Ω の上の完全加法族は前節で用いた通りとする．$(\Omega, \mathcal{F}, P)$ は求むる確率空間である．

与えられた系 $\{p_{i_1 i_2 \cdots i_n}\}$ に対して上の構成が可能なためには

$$(6)\quad \sum_{i_n=1}^{m} p_{i_1 i_2 \cdots i_n} = 1$$

があらゆる $i_1 i_2 \cdots i_{n-1}$（n も変えて）の組に対して成立することが必要充分である．

Markov が考察した試行の列は極めて応用が広いのでこれを**マルコフの連鎖**と呼んでいる．しかし上のごとく確率空間を構成すれば，それは確率変数列に過ぎない．しかもこう考えた方が便利でありかつ実際の要求に当てはまっている．

例1　サイコロを何回も投げて，何の目が出るかを考察すると，これはマルコフの連鎖である．$m=6$ で

(7)　$p_1 = p_2 = \cdots = p_6 = \dfrac{1}{6},$

$$p_{i_1 i_2 \cdots i_n} = \frac{1}{6} \quad (1 \leqq i_1 \leqq 6,\ 1 \leqq i_2 \leqq 6,\ \cdots,\ 1 \leqq i_n \leqq 6,\ n = 1, 2, \cdots)$$

である．

例 2　二個の壺 U, V があってその中に次のように玉が入っているとする．

(8)

	黒玉	白玉	合計
U	u_1	u_2	u_1+u_2
V	v_1	v_2	v_1+v_2
合計	u_1+v_1	u_2+v_2	$u_1+u_2+v_1+v_2$

今この壺からそれぞれ1個ずつとり出して交換する．これを繰返すとマルコフの連鎖を得る．U, V の中の組成が試行の結果であるが，これは U の中の黒玉の数だけで定まる．これを r とすれば

(9)

	黒玉	白玉	合計
U	r	u_1+u_2-r	u_1+u_2
V	u_1+v_1-r	v_2-u_1+r	v_1+v_2
合計	u_1+v_1	u_2+v_2	$u_1+u_2+v_1+v_2$

ゆえに第 n 回目の U, V の組成を $u_1^{(n)}, u_2^{(n)}, v_1^{(n)}, v_2^{(n)}$ とすれば $u_1^{(n)}$ を知れば残りは(9)から得られる．$u_1^{(n)}$ のとり得る値は高々有限個である．$p_{u_1^{(1)} \cdots u_1^{(n)}}$ はただ $u_1^{(n-1)}$ と $u_1^{(n)}$ とによってのみ定まり，しかもそれは

(10)　$|u_1^{(n)} - u_1^{(n-1)}| \geqq 2$　ならば　$0,$

(11)　$u_1^{(n)} - u_1^{(n-1)} = 1$　ならば　$\dfrac{u_2^{(n-1)} v_1^{(n-1)}}{(u_1 + u_2)(v_1 + v_2)},$

(12)　$u_1^{(n)} - u_1^{(n-1)} = -1$　ならば　$\dfrac{u_1^{(n-1)} v_2^{(n-1)}}{(u_1 + u_2)(v_1 + v_2)},$

(13)　$u_1^{(n)} - u_1^{(n-1)} = 0$　ならば　$\dfrac{u_1^{(n-1)} v_1^{(n-1)} + u_2^{(n-1)} v_2^{(n-1)}}{(u_1 + u_2)(v_1 + v_2)},$

ここに $u_2^{(n-1)}, v_1^{(n-1)}, v_2^{(n-1)}$ は $u_1^{(n-1)}$ から(9)により導かれるものである．

この例のように第 n 回目の結果の確率が一つ前の結果を知れば，その以前の結果には無関係に定まる時に，この連鎖は**単純**であるとか**履歴をもたない**とかいう．

また $\{u_1^{(n)}\}$ の列から壺の組成が(9)でわかるが，第 n 回目に U の壺から出る玉が黒か白かは知ることができない．$u_1^{(n)}-u_1^{(n-1)}=1$ ならば第 n 回目は白であったに違いないし，$u_1^{(n)}-u_1^{(n-1)}=-1$ ならば黒であったに違いない．しかし $u_1^{(n)}-u_1^{(n-1)}=0$ の時には，両方から白が出たのか，両方から黒が出たのか判然しない．こういうことが知りたいならば，次のようにする．

第 n 回の試行で U, V から出る玉が黒黒，黒白，白黒，白白なるに応じて $1, 2, 3, 4$ という標識をつけることにする．かくして標識の列 $\omega_1, \omega_2, \cdots$ を得る．この観察の結果一つのマルコフ連鎖を得るが，これは履歴をもっている．$(\omega_1, \omega_2, \cdots)$ を知れば，壺の組成の変化も知り得るのは当然である．

第4章

大数の法則

§22　大数の法則の数学的表現

銅貨を何回も投げると約半数は表が出るというのは経験上知られていて，**大数の法則**と呼ばれている．この法則を数学的に表現すると次のようになる．

前章に述べたようにまずこの銅貨を何回も投げるという試行に対応する確率空間を構成しなければならない．表が出れば1，裏が出れば0という標識を用いることにすると，1または0を項とする数列が得られるが，これが確率空間 Ω の点である．これを一般に ω にてあらわそう．今 ω の第 k 項を x_k にてあらわすと，これは確率空間 Ω の上で定義された関数である．x_k は k 回目に表が出るか裏が出るかをあらわすものである．

(1)　$P(x_k = 1) = P(x_k = 0) = \dfrac{1}{2} \quad (k = 1, 2, 3, \cdots)$,

(2)　$x_1, x_2, x_3, \cdots$ は独立

ということを用いると Ω の中に確率測度 P を導入することができる．かくて問題とする試行に対応する確率空間が得られた．

さて最初の n 回投げる中に表の出る回数を r とすれば

(3)　$r = x_1 + x_2 + \cdots + x_n$

であって，r もまたこの確率空間の上の確率変数である．ゆえに大数の法則は

(4)　$\dfrac{\boldsymbol{r}}{\boldsymbol{n}}$ **が大体** $\dfrac{\mathbf{1}}{\mathbf{2}}$ **である**

ということを意味する．さてこの「大体」という言葉は次の二通りの例外を許すことを意味する．

(5)　特別な場合には n 回とも表が出ることがあるかもしれない．しかしそれは極めて稀な場合である．換言すれば**極めて確率の少ない場合**である．かかる場合は例外として $\dfrac{1}{2}$ に等しいというのである．

(6)　しかし上の意味の例外を認めてもやはり正確に $\dfrac{1}{2}$ に等しくなるのではない．実際，正確に $\dfrac{1}{2}$ になることは時には(n が奇数の場合等)不可能であり，あるいは極めて起り難い．そこで $\dfrac{1}{2}$ との**わずかな差を無視することにすれば**，始めて $\dfrac{1}{2}$ であるといい得るのである．

従って大数の法則を数学的に表現すると結局次のごとくなる．

“任意に与えられた正数 ε, η に対して $N(\varepsilon, \eta)$ を充分大きくとれば，$n > N(\varepsilon, \eta)$ なる限り

(7)　$P\left(\left|\dfrac{r}{n} - \dfrac{1}{2}\right| > \varepsilon\right) < \eta.$

η, ε がそれぞれ(5)，(6)の例外に対応するものである．”

大数の法則というのは統計においてもしばしば用いられる．例えば日本人成人男子の身長というものは人により差があるが，これを多数とって平均すると大体一定の値を得る．この事実もやはり大数の法則と呼ばれている．これを数学的にいかに解釈するか．ここに n 人の日本人がいるとし，その身長を $x_1, x_2, \cdots, x_n$ とする．この身長がいずれも $\mathbb{R}$-確率測度 P_1 に従う実確率変数とする．P_1 はいかなるものか分からないが，とにかく日本人成人男子ということによって定まるものである．また $x_1, x_2, \cdots, x_n$ は独立であるとする．この仮定は随分乱暴な仮定であるが，$x_1, x_2, \cdots, x_n$ が単に n 人の日本人成人男子の身長であるということを知っただけでは，こう仮定するより致し方がない．(例えば x_1, x_2 が双生児の身長であることを知れば，x_1 と x_2 とは独立であると考えるべきではなかろう．) そうすると $x_1, x_2, \cdots, x_n$ を載せるような確率空間が得られる．それは n 個の実数の組を点とするものですなわち $\mathbb{R}^n$

である．大数の法則は $\frac{1}{n}\sum_{k=1}^{n} x_k$ が大体一定値に等しいことを主張する．この主張はある仮定の下において正しいことが数学的に証明される．しかもその際 $\frac{1}{n}\sum_{k=1}^{n} x_k$ が近づく値は実は P_1 の平均値 $m(P_1)$ である．$m(P_1)$ は日本人ということできまる量であるから，各個人の身長等と違って意味のあるものである．大数観察によって本質的なものが捉え得るというのはかかる意味に解釈すべきであろう．

上述したところから見ると，経験的な大数の法則を数学的に表現したものは，多数の確率変数 $x_1, x_2, \cdots, x_n$ の平均値がある一定値に近いことを主張するものであると考えてよい．

さて銅貨の例に戻ろう．$\frac{r}{n}$ に対して(7)が成立するというのは n が(たとえいかに大きくても)有限なる時の主張である．もし n が無限に大きくなればどうか．そのときは

$$(8)\quad P\left(\lim_{n\to\infty}\frac{r}{n}=\frac{1}{2}\right)=1$$

なることが証明される．これは**大数の強法則**と呼ばれるもので Borel が始めて証明した．$\lim_{n\to\infty}\frac{r}{n}$ は確率変数列の極限値としてやはり確率変数であって，同等 (P) なる確率変数を同一視するとすれば(5節，7節参照)

$$(9)\quad \lim_{n\to\infty}\frac{r}{n}=\frac{1}{2}$$

と書いても差し支えない．この定理もまた我々の“経験から来る判断”(“経験”そのものではない．経験のみによっては $n\to\infty$ の時いかになるかを知り得ない)に正確に一致する．

大数の強法則に対して，(7)を**ベルヌーイの意味の大数の法則**という．本章では大数の法則およびこれに類似の諸定理を証明することにする．

§23 ベルヌーイの意味の大数の法則

定理 23.1 $x_1, x_2, \cdots$ を $(\Omega, \mathcal{F}, P)$ 上の実確率変数とし，

(1) $m(x_1)=m(x_2)=m(x_3)=\cdots=m$,

(2) $\sigma(x_1), \sigma(x_2), \cdots<\sigma<\infty$,

(3)　$x_1, x_2, \cdots$ は独立

とする．しからば正数 ε, η に対して $N(\varepsilon, \eta)$ を適当に大きくとれば，$n > N(\varepsilon, \eta)$ なる限り

(4)　$$P\left(\left|\frac{x_1+x_2+\cdots+x_n}{n}-m\right|>\varepsilon\right)<\eta.$$

証明　ビヤンネメの不等式(定理 14. 1)を利用する．平均値，標準偏差の簡単な性質(定理 9. 1，定理 15. 3)を用いて

$$m\left(\frac{x_1+x_2+\cdots+x_n}{n}\right)=\frac{m(x_1)+m(x_2)+\cdots+m(x_n)}{n}=m$$

((1)式に注意)，

$$\left(\sigma\left(\frac{x_1+x_2+\cdots+x_n}{n}\right)\right)^2=\frac{(\sigma(x_1))^2+(\sigma(x_2))^2+\cdots+(\sigma(x_n))^2}{n^2}\leqq\frac{\sigma^2}{n}$$

((2)，(3)式に注意)．

ゆえにビヤンネメの不等式により

$$P\left(\left|\frac{x_1+x_2+\cdots+x_n}{n}-m\right|>t\frac{\sigma}{\sqrt{n}}\right)\leqq\frac{1}{t^2}.$$

$t=\sqrt[4]{n}$ とおけば，

$$P\left(\left|\frac{x_1+x_2+\cdots+x_n}{n}-m\right|>\frac{\sigma}{\sqrt[4]{n}}\right)\leqq\frac{1}{\sqrt{n}}.$$

$N(\varepsilon, \eta)=\max\left(\dfrac{\sigma^4}{\varepsilon^4}, \dfrac{1}{\eta^2}\right)$ とおけば，この式から(4)を得る．

この定理は次のごとく拡張できる．

定理 23. 2　$x_1, x_2, \cdots, x_n$ が(2)，(3)を満足する実確率変数ならば，正数 ε, η に対して $N(\varepsilon, \eta)$ を適当に大きくとれば $n > N(\varepsilon, \eta)$ なる限り

(5)　$$P\left(\left|\frac{x_1+x_2+\cdots+x_n}{n}-\frac{m(x_1)+m(x_2)+\cdots+m(x_n)}{n}\right|>\varepsilon\right)<\eta.$$

証明　$y_k=x_k-m(x_k)\ (k=1,2,3,\cdots,n)$ とすれば，

$$m(y_k)=m(x_k)-m(x_k)=0,$$
$$\sigma(y_k)=\sigma(x_k).$$

ゆえに $\{y_k\}$ が定理 23. 1 の仮定($m=0$ とする)を満している．ゆえに $\{y_k\}$ に関して(4)を書いて，$\{x_k\}$ の式に直せば(5)となる．

註　銅貨の例は $P(x_i=0)=P(x_i=1)=\dfrac{1}{2}$ すなわち $m(x_i)=\dfrac{1}{2}$，$\sigma(x_i)=\dfrac{1}{2}$ の場合である．

§24　中心極限定理

前節の定理は $\dfrac{1}{n}\left(\sum\limits_1^n x_k-\sum\limits_1^n m(x_k)\right)$ の確率法則が $n\to\infty$ の時いわゆる単位確率測度(0 に確率 1 を付与する $\mathbb{R}$-確率測度)に近づくことを示す．この収束をもう少し詳しく調べるために $\dfrac{1}{\sqrt{n}}\left(\sum\limits_1^n x_k-\sum\limits_1^n m(x_k)\right)$ の確率法則を研究する．

こういう研究はすでに Laplace によってなされた．Laplace は確率 p なる事象を n 回独立に試みてその起る回数を r とする時 $\dfrac{r-np}{\sqrt{n}}$ の確率法則が平均値 0，標準偏差 $\sqrt{p(1-p)}$ なるガウス分布に近づくことを証明し，これによって前節の大数法則を導いた．これは本節に述べる次の定理で

$$P(x_i=1)=p, \quad P(x_i=0)=1-p \quad (i=1,2,\cdots)$$

と置いて得られるものである．

定理 24. 1　(**中心極限定理**)　$x_1,x_2,\cdots$ を次の条件に適する確率変数とする：

(1)　$x_1,x_2,\cdots$ は互いに独立である，

(2)　$|x_1|,|x_2|,\cdots<a$ (あるいは $P(|x_i|<a)=1\ (i=1,2,\cdots)$ といってもよい)，

(3)　${b_n}^2=(\sigma(x_1))^2+(\sigma(x_2))^2+\cdots+(\sigma(x_n))^2\to\infty\ (n\to\infty)$

ならば，$S_n=x_1+x_2+\cdots+x_n$ とする時

(4)　$\dfrac{S_n-m(S_n)}{\sigma(S_n)}$ の確率法則は平均値 0，標準偏差 1 のガウス分布に収束する．

証明　$x_1,x_2,\cdots$ が独立なることより

(5)　$\sigma(S_n)=b_n$.

また $m(x_1)=m(x_2)=\cdots=m(x_n)=0$ と仮定しても一般性を失わない．ゆえに $m(S_n)=0$ となる．

(6)　$y_n=\dfrac{S_n}{b_n}$

と置こう．目的は P_{y_n} がガウス分布に収束することを示すことである．そのために特性関数を用い，定理 17.1 を応用する．まず

$$(7)\quad \varphi_{P y_n}(z)=\varphi_{y_n}(z)=\varphi_{S_n}\left(\frac{z}{b_n}\right)$$

は定義 16.1 の系 1 により明らか．さらに S_n が独立な確率変数の和であることに注意すれば

$$(8)\quad \varphi_{S_n}\left(\frac{z}{b_n}\right)=\prod_{k=1}^{n}\varphi_{x_k}\left(\frac{z}{b_n}\right).$$

さて $\varphi_{x_k}\left(\frac{z}{b_n}\right)=m(e^{i\frac{z}{b_n}x_k})$ であって

$$e^{i\frac{z}{b_n}x_k}=1+i\frac{x_k}{b_n}z-\frac{{x_k}^2}{2{b_n}^2}z^2+\frac{1}{6}\left(\frac{x_k}{b_n}z\right)^3\theta_{k,n}\quad \left(|\theta_{k,n}|<\exp\left(\frac{|z|a}{b_n}\right)\right)$$

なるゆえ

$$(9)\quad \varphi_{x_k}\left(\frac{z}{b_n}\right)=1-\frac{(\sigma(x_k))^2}{2{b_n}^2}z^2+\frac{1}{6}\frac{a}{b_n}\frac{(\sigma(x_k))^2}{{b_n}^2}z^3\cdot\varphi_{k,n}$$

$$\left(|\varphi_{k,n}|<\exp\left(\frac{|z|a}{b_n}\right)\right).$$

第 3 項を得るには，$m(x_k)=0$ に注意して

$$|m({x_k}^3)|\leqq m(a{x_k}^2)=am({x_k}^2)=a(\sigma(x_k))^2$$

とすればよい．今(9)の第 2 項以下を $\alpha_{nk}(z)$ とすれば，$|z|\leqq C$ なる限り

$$(10)\quad \max_{1\leqq k\leqq n}|\alpha_{nk}(z)|\leqq\frac{a^2}{2{b_n}^2}C^2+\frac{1}{6}\left(\frac{a}{b_n}\right)^3C^3\cdot\exp\left(\frac{Ca}{b_n}\right),$$

$$(11)\quad \sum_k\alpha_{nk}(z)=-\frac{\sum_k(\sigma(x_k))^2}{2{b_n}^2}z^2+\frac{1}{6}\frac{a}{b_n}\frac{\sum_k(\sigma(x_k))^2}{{b_n}^2}z^3\varphi$$

$$\left(|\varphi|<\exp\left(\frac{Ca}{b_n}\right)\right),$$

(3)により

$$=-\frac{1}{2}z^2+\frac{1}{6}\frac{a}{b_n}z^3\varphi\qquad\left(|\varphi|<\exp\left(\frac{Ca}{b_n}\right)\right),$$

$$\left|\sum_k\alpha_{nk}(z)-\left(-\frac{1}{2}z^2\right)\right|<\frac{1}{6}\frac{a}{b_n}C^3\cdot\exp\left(\frac{Ca}{b_n}\right).$$

ゆえに $n\to\infty$ の時，$|z|\leqq C$ において，

(12)　$\max_{1\leqq k\leqq n}|\alpha_{nk}(z)|$ は一様に 0 に収束し，

(13) $\sum_k \alpha_{nk}(z)$ は一様に $-\dfrac{1}{2}z^2$ に収束する.

ゆえに $\prod_{k=1}^n (1+\alpha_{nk}(z))$ すなわち $\varphi_{S_n}\left(\dfrac{z}{b_n}\right)$ は $|z|\leqq C$ で一様に $e^{-\frac{1}{2}z^2}$ に収束する.(下の補助定理参照.) C は任意であるから $\varphi_{S_n}\left(\dfrac{z}{b_n}\right)$ は $(-\infty,\infty)$ で広義一様に $e^{-\frac{z^2}{2}}$ に収束する.さて $e^{-\frac{z^2}{2}}$ は平均値 0,標準偏差 1 のガウス分布の特性関数であるから定理 17.1 により結論(4)を得る.

最後に用いた論法は次の補助定理による.

補助定理 $\max_{1\leqq k\leqq n} |\alpha_{nk}(z)|$ が $|z|\leqq C$ で一様に 0 に収束し,$\sum_k \alpha_{nk}(z)$ が $|z|\leqq C$ で一様に $\alpha(z)$ に収束し,かつ $\sum_{k=1}^n |\alpha_{nk}(z)|$, $n=1,2,\cdots$ が $|z|\leqq C$ で一様に有界ならば $\prod_{k=1}^n (1+\alpha_{nk}(z))$ は $|z|\leqq C$ で一様に $e^{\alpha(z)}$ に収束する.

証明は $\log \prod_{k=1}^n (1+\alpha_{nk}(z))$ を計算すればよい.

さて本定理の結論において収束するという意味はもとより 12 節に述べた距離 ρ に関していうのである.しかしガウス分布は不連続点をもたないから,定理 12.2 により $n\to\infty$ の時,

$$(14)\quad P\left(\lambda_1 < \frac{S_n - m(S_n)}{\sigma(S_n)} \leqq \lambda_2\right) \longrightarrow \int_{\lambda_1}^{\lambda_2} \frac{1}{\sqrt{2\pi}} e^{-\frac{\lambda^2}{2}} d\lambda$$

であるといって差し支えない.

§25 大数の強法則

定理 25.1 (大数の強法則) $x_1, x_2, \cdots, x_n, \cdots$ を $(\Omega, \mathcal{F}, P)$ 上の実確率変数とし,次の条件を満足すると仮定する.

(1) $\sigma(x_1), \sigma(x_2), \cdots < \sigma < \infty$,

(2) $x_1, x_2, \cdots$ は独立.

しからば

$$(3)\quad P\left(\lim_{n\to\infty}\left(\frac{x_1+x_2+\cdots+x_n}{n} - \frac{m(x_1)+m(x_2)+\cdots+m(x_n)}{n}\right) = 0\right) = 1.$$

この定理を証明するために準備として二つの定理を証明する.

定理 25.2　（コルモゴロフ(**Kolmogorov**)の不等式）　$x_1, x_2, \cdots, x_n$ を $(\Omega, \mathcal{F}, P)$ の上の実確率変数で次の条件を満すものとする．

(4)　$x_1, x_2, \cdots, x_n$ は独立，

(5)　$m(x_1) = m(x_2) = \cdots = m(x_n) = 0.$

今 $b = \sigma(x_1 + x_2 + \cdots + x_n) \neq 0$ とすれば

(6)　$$P\Big(\max_{1 \leqq k \leqq n} |x_1 + x_2 + \cdots + x_k| \geqq tb\Big) \leqq \frac{1}{t^2}.$$

証明　まず

(7)　$$S_k = x_1 + x_2 + \cdots + x_k, \quad T_k = \max_{1 \leqq h \leqq k} |S_h|$$

とおく．

(8)　$$E_k = (T_k \geqq tb), \quad E'_k = (|S_k| \geqq tb),$$
$$E''_k = (\Omega - E_{k-1}) \cap E'_k \quad (\text{ただし } E_0 = \varnothing).$$

$E''_1, E''_2, \cdots, E''_n$ のいずれの二つも共通点がなく，かつ

(9)　$$E_n = E''_1 \cup E''_2 \cup \cdots \cup E''_n.$$

ゆえに

(10)　$$b^2 = m((x_1 + x_2 + \cdots + x_n)^2) \geqq \sum_{k=1}^{n} \int_{E''_k} (x_1 + x_2 + \cdots + x_n)^2 P(d\omega).$$

E''_k が $x_1, x_2, \cdots, x_k$ に関する制限で定められる条件であるから，

(11)　$$\int_{E''_k} (x_1 + x_2 + \cdots + x_n)^2 P(d\omega)$$
$$= \int_{E''_k} m_k((x_1 + x_2 + \cdots + x_n)^2) P_k(dx_1 dx_2 \cdots dx_k).$$

ここに P_k は $x_1, x_2, \cdots, x_k$ の結合 $(x_1, x_2, \cdots, x_k)$ の確率法則，$m_k((x_1 + x_2 + \cdots + x_n)^2)$ は $(x_1, x_2, \cdots, x_k)$ が定まった時の条件付平均値をあらわすとする．

$$m_k((x_1 + x_2 + \cdots + x_n)^2) = (x_1 + x_2 + \cdots + x_k)^2$$
$$+ 2(x_1 + x_2 + \cdots + x_k) m_k(x_{k+1} + \cdots + x_n)$$
$$+ m_k((x_{k+1} + \cdots + x_n)^2).$$

さて $x_{k+1}, x_{k+2}, \cdots, x_n$ は $x_1, x_2, \cdots, x_k$ と独立なるゆえ，

$$m_k(x_{k+1} + x_{k+2} + \cdots + x_n) = m(x_{k+1} + x_{k+2} + \cdots + x_n) = 0.$$

上の二式から

$$m_k((x_1 + x_2 + \cdots + x_n)^2) \geqq (x_1 + x_2 + \cdots + x_k)^2.$$

(8)により，この右辺は E_k'' の上では t^2b^2 より小さくはない．ゆえに(10)，(11)により

$$b^2 \geqq t^2b^2 \sum_{k=1}^{n} P(E_k'') = t^2b^2 P(E_n) \quad ((9)による).$$

ゆえに

$$(12) \quad P(E_n) \leqq \frac{1}{t^2}.$$

これがすなわち(6)式である．

定理 25. 3　(Borel-Cantelli)　$E_1, E_2, \cdots$ を $(\Omega, \mathcal{F}, P)$ の上の事象とする．$\sum_1^\infty P(E_k) < \infty$ ならば $P\left(\bigcap_{n=1}^{\infty} \bigcup_{k=n}^{\infty} E_k\right) = 0$ および $P\left(\bigcup_{n=1}^{\infty} \bigcap_{k=n}^{\infty} (\Omega - E_k)\right) = 1$.

証明

$$(13) \quad P\left(\bigcup_{k=n}^{\infty} E_k\right) \leqq \sum_{k=n}^{\infty} P(E_k).$$

ゆえに

$$(14) \quad P\left(\bigcap_{n=1}^{\infty} \bigcup_{k=n}^{\infty} E_k\right) = \lim_{n\to\infty} P\left(\bigcup_{k=n}^{\infty} E_k\right) \leqq \lim_{n\to\infty} \sum_{k=n}^{\infty} P(E_k) = 0.$$

最後の等号は $\sum_1^\infty P(E_k) < \infty$ により明らか．また

$$(15) \quad P\left(\bigcup_{n=1}^{\infty} \bigcap_{k=n}^{\infty} (\Omega - E_k)\right) = P\left(\Omega - \bigcap_{n=1}^{\infty} \bigcup_{k=n}^{\infty} E_k\right) = 1 - 0 = 1.$$

定理 25. 1 の証明　$m(x_1) = m(x_2) = \cdots = m(x_n) = 0$ と仮定しても一般性を失わない．また

$$(16) \quad (\sigma(x_1 + x_2 + \cdots + x_n))^2 = (\sigma(x_1))^2 + (\sigma(x_2))^2 + \cdots + (\sigma(x_n))^2 \leqq n\sigma^2$$

であるから，コルモゴロフの不等式を用いると

$$P(T_n \geqq t\sigma\sqrt{n}) \leqq \frac{1}{t^2} \quad (T_n = \max_{1 \leqq k \leqq n} |x_1 + x_2 + \cdots + x_k|).$$

$t = n^{\frac{1}{4}}$ とおけば

$$P\left(T_n \geqq \sigma n^{\frac{3}{4}}\right) \leqq \frac{1}{\sqrt{n}}.$$

すなわち

$$P\left(\frac{T_n}{n} \geqq \frac{\sigma}{\sqrt[4]{n}}\right) \leqq \frac{1}{\sqrt{n}}.$$

$n = 4^k$ とおけば

$$P\left(\frac{T_{4^k}}{4^k} \geqq \frac{\sigma}{\sqrt{2^k}}\right) \leqq \frac{1}{2^k} \quad (k = 1, 2, \cdots).$$

ゆえに $\sum_{k=1}^{\infty} P\left(\frac{T_{4^k}}{4^k} \geqq \frac{\sigma}{\sqrt{2^k}}\right) \leqq \sum_{k=1}^{\infty} \frac{1}{2^k} = 1 < \infty$ であるからボレル-カンテリの定理(後の方)により $\bigcup_{p=1}^{\infty} \bigcap_{k=p}^{\infty} \left(\frac{T_{4^k}}{4^k} < \frac{\sigma}{\sqrt{2^k}}\right) \equiv \Omega'$ とすれば

(17)　$P(\Omega') = 1.$

さて $\omega \in \Omega'$ に対しては，k を充分大きくとれば $\frac{T_{4^k}}{4^k}$(これは ω の関数である)が $\frac{\sigma}{\sqrt{2^k}}$ で上から抑えられている．$\lim_{k\to\infty} \frac{\sigma}{\sqrt{2^k}} = 0$ なるゆえ，

(18)　$\lim_{k\to\infty} \frac{T_{4^k}}{4^k} = 0.$

一般の n に対しては $4^{k-1} \leqq n < 4^k$ なる k をとれば，かかる k は n と共に限りなく増大し，しかも

(19)　$\frac{T_n}{n} \leqq \frac{T_{4^k}}{4^{k-1}} = 4 \cdot \frac{T_{4^k}}{4^k}$

なるゆえ $\lim_{n\to\infty} \frac{T_n}{n} = 0$．ゆえにもちろん

(20)　$\lim_{n\to\infty} \frac{x_1 + x_2 + \cdots + x_n}{n} = 0.$

この式が Ω' の上では常に成立するわけである．(17), (20)により定理25.1の結論を得た．

§26　無規則性の意味

銅貨を何回も投げて表が出ると1，裏が出ると0という標識を付していくとき，得られる系列 $(x_1, x_2, \cdots)$ に関して最初の n 項中1なるものの数 r と n との比 $\frac{r}{n}$ が，$n \to \infty$ の時 $\frac{1}{2}$ に近づくことおよびその数学的表現が大数の強法則なることはすでに述べたところである．この性質を系列 $(x_1, x_2, \cdots)$ の**頻度の恒常性**といい，$\lim_{n\to\infty} \frac{r}{n}$ を**相対頻度**という．しかしながら，頻度の恒常性以外にもこの系列の特性はある．それは次に述べる**無規則性**である．

$x_1, x_2, \cdots$ から部分列 $x_{n_1}, x_{n_2}, x_{n_3}, \cdots$ を抽出する．ただし x_n を抽出するか否かは $x_1, x_2, \cdots, x_{n-1}$ についての結果を参照して決めてもよいが，x_n が分か

らない中に決定すると仮定する．かかる抽出を R. v. Mises は**項位選出**(Stellenauswahl)と呼んだ．項位選出によって得た部分列についてもやはり頻度の恒常性があり，かつもとの系列と同じ相対頻度を有する．もし $x_1, x_2, \cdots$ の配列に規則があれば——例えば 0 が四回以上続くことはないというような規則——があれば，適当に部分列をとる——上の例では $x_{n-3}=x_{n-2}=x_{n-1}=0$ の時に限り x_n を抽き出す——ならば 1 のみ抽出することもできる．これはもとの系列と同じ相対頻度を有しない．それゆえ，項位選出で相対頻度が変わらないという事実は $(x_1, x_2, \cdots)$ なる系列になんら規則がないことを意味する．それで R. v. Mises はこれを**無規則性**と名付けた．

この無規則性が我々の確率空間の上の理論においていかに表現されるであろうか．これを考える前に，まず項位選出を表現する方法を述べよう．関数系 $\{f_n(\lambda_1, \lambda_2, \cdots, \lambda_n);\ n=0,1,2,\cdots\}$ があって

(1)　$f_0 = 1,$

(2)　$\lambda_1, \lambda_2, \cdots$ は 0 または 1 をとる変数,

(3)　$f_n(\lambda_1, \lambda_2, \cdots, \lambda_n) = 0$ または 1,

(4)　$\sum_{n=1}^{\infty} f_n(\lambda_1, \lambda_2, \cdots, \lambda_n) = \infty$

を満足する時，この関数系を**選出関数列**という．$f_{n-1}(x_1, x_2, \cdots, x_{n-1})=1$ であるか 0 であるかに従って x_n を選出するか否かを決することにすると，これは一つの項位選出となる．これを $\{f_{n-1}(\lambda_1, \lambda_2, \cdots, \lambda_{n-1})\}$ によって定められる項位選出という．最初の n 項から，この選出で抽き出されたものの数は $\sum_{k=1}^{n} f_{k-1}(x_1, x_2, \cdots, x_{k-1})$．そのうち 1 のあらわれる数は

$$\sum_{k=1}^{n} x_k f_{k-1}(x_1, x_2, \cdots, x_{k-1})$$

である．ゆえに無規則性は

$$(5)\quad \lim_{n\to\infty} \frac{\sum_{k=1}^{n} x_k f_{k-1}(x_1, x_2, \cdots, x_{k-1})}{\sum_{k=1}^{n} f_{k-1}(x_1, x_2, \cdots, x_{k-1})} = \frac{1}{2}$$

となる．

しかしながら，さらによく考えると $x_1, x_2, \cdots, x_{n-1}$ が分かったからといっ

て x_n を選出するか否かが $f_n(x_1, x_2, \cdots, x_{n-1})$ の値によって一義的に定まってしまうのは，あたかも始めから選出方法を約束しておくようなものであって，実際の項位選出とはいささか異なるように思われる．$x_1, x_2, \cdots, x_{n-1}$ を知った時，x_n を選出するか否かは一義的に決定されるべきものではなくむしろ確率論的に定まるべきであろう．それゆえ次のように考える．

一つの関数系 $\{p_n(\lambda_1, \lambda_2, \cdots, \lambda_n);\ n=0,1,2,\cdots\}$ があって

(6)　$0 \leqq p_0 \leqq 1$,

(7)　$\lambda_1, \lambda_2, \cdots, \lambda_n, \cdots$ は 0 または 1 をとる変数,

(8)　$0 \leqq p_n(\lambda_1, \lambda_2, \cdots, \lambda_n) \leqq 1$

なる時，**選出確率系**と呼ぼう．$x_1=\lambda_1,\ x_2=\lambda_2,\ \cdots,\ x_{n-1}=\lambda_{n-1}$ なる時 x_n を選出する確率が $p_n(\lambda_1, \lambda_2, \cdots, \lambda_n)$，従って x_n を選出しない確率は $1-p_n(\lambda_1, \lambda_2, \cdots, \lambda_n)$ なる時，かかる選出を選出確率系 $\{p_n(\lambda_1, \lambda_2, \cdots, \lambda_n)\}$ で定められる項位選出と呼ぶことにしよう．前の場合は $p_n(\lambda_1, \lambda_2, \cdots, \lambda_n)$ が 0 か 1 しかとらない特別の場合である．

かかる選出に対して相対頻度が不変なることを表現するためにまず確率空間 $(\Omega, \mathcal{F}, P)$ を構成しよう．空間 Ω の点は $\omega=(\eta_1, \xi_1, \eta_2, \xi_2, \cdots)$ なる無限数列である．ここに η_k は第 k 番目の項を選出する $(\eta_k=1)$ か否か $(\eta_k=0)$ を示し，ξ_k は第 k 番目の項が 1 か 0 かを定める．言葉を簡単にするために $\eta_1, \xi_1, \eta_2, \xi_2, \cdots$ に関する命題をもって，その命題を成立させるようなすべての ω をあらわすことにする．Ω の中に確率測度 P を導入しよう．まず

$$P(\eta_1=1)=p_0, \quad P(\eta_1=0)=1-p_0$$

は明らかである．$\eta_1=1$ であっても $\eta_1=0$ であっても $\xi_1=1$ となる確率は常に $\frac{1}{2}$ である．（我々が選出することに定めたからといって，表が向き易くなるような同情心や意地悪な心を銅貨はもたないであろうから．）ゆえに

$$P((\eta_1=1)(\xi_1=1))=p_0 \times \frac{1}{2}, \quad P((\eta_1=0)(\xi_1=1))=(1-p_0) \times \frac{1}{2},$$

$$P((\eta_1=1)(\xi_1=0))=p_0 \times \frac{1}{2}, \quad P((\eta_1=0)(\xi_1=0))=(1-p_0) \times \frac{1}{2},$$

さらに

$$P((\eta_1=1)(\xi_1=1)(\eta_2=1))=p_0\times\frac{1}{2}\times p_1(1),$$
$$P((\eta_1=1)(\xi_1=0)(\eta_2=1))=p_0\times\frac{1}{2}\times p_1(0)$$

等々が選出確率系により定まる．かくして得られる P は Ω の筒集合に対しては定義されるが，これを拡張して Ω の上の確率測度を得られることは定理 20.1(コルモゴロフの拡張定理)の教えるところである．

ここに得られた確率空間 $(\Omega,\mathcal{F},P)$ の上の確率変数 y_k および x_k $(k=1,2,\cdots)$ を

(9)　$y_k(\omega)=\eta_k$　　$(\omega=(\eta_1,\xi_1,\eta_2,\xi_2,\cdots)$ とする$)$,

(10)　$x_k(\omega)=\xi_k$

で定義すれば，y_k は第 k 項を選出するか $(y_k=1)$ 否か $(y_k=0)$ を示し，x_k は第 k 項が 1 か 0 かを示す確率変数となる．明らかに x_k は $y_1,x_1,y_2,x_2,\cdots,y_{k-1},x_{k-1},y_k$ の結合と独立である．$\sum_{k=1}^{n} y_k$ は最初の n 項から選出されたものの数で，そのうち 1 は $\sum_{k=1}^{n} x_ky_k$ だけある．ゆえに項位選出で相対頻度が不変なることは

(11)　$$\lim_{n\to\infty}\frac{\sum_{k=1}^{n} x_ky_k}{\sum_{k=1}^{n} y_k}=\frac{1}{2}$$

にてあらわされる．項位選出においては無限部分列を選ぶべきであるから

(12)　$$P\left(\sum_{k=1}^{\infty} y_k=\infty\right)=1$$

であろう．これは選出関数系の条件(4)に対応する．(11)が(5)の一般化である．

§27　無規則性の証明

前節において無規則性を確率論の定理として表現したが，本節でこれを少し一般化して証明する．

定理 27.1　$y_1,x_1,y_2,x_2,\cdots,y_n,x_n,\cdots$ が $(\Omega,\mathcal{F},P)$ 上の実確率変数で

(1)　$\sigma(x_n)\leqq\sigma$　　$(n=1,2,\cdots)$,

(2)　x_n は $(y_1, x_1, y_2, x_2, \cdots, y_{n-1}, x_{n-1}, y_n)$ と独立である，

(3)　$y_1, y_2, \cdots$ はいずれも 0 または 1 のみをとる，

(4)　$P\left(\sum_{n=1}^{\infty} y_n = \infty\right) = 1$

ならば

(5)　$$P\left(\lim_{n\to\infty} \frac{\sum_{k=1}^{n} y_k(x_k - m(x_k))}{\sum_{k=1}^{n} y_k} = 0\right) = 1.$$

註　前節の例は $\sigma = \dfrac{1}{2}$, $m(x_k) = \dfrac{1}{2}$ でしかも x_k が 0 または 1 のみをとるという特別の場合である．

(5)の代りに次のことを証明してもよい．

(6)　$\sum_{k=1}^{\theta} y_k = n$

となる最小の θ を θ_n とする時(条件(4)によりかかる θ_n は必ず存在する)

(7)　$$P\left(\lim_{n\to\infty} \frac{\sum_{k=1}^{\theta_n} y_k(x_k - m(x_k))}{n} = 0\right) = 1.$$

さらに $m(x_k) = 0$ と仮定しても一般性を失わない．

さて(7)を証明するためにはコルモゴロフの不等式(定理 25. 2)に相当する次の定理を証明すれば，後は大数の強法則の証明と同様にできる．次の定理は河田敬義氏に負う．

定理 27. 2　定理 27. 1 の仮定のほかに

(8)　$m(x_k) = 0 \quad (k = 1, 2, \cdots)$

があれば，上述の θ_n に対して

(9)　$$P\left(\max_{1\leqq k\leqq\theta_n} |y_1x_1 + y_2x_2 + \cdots + y_kx_k| \geqq t\sigma\sqrt{n}\right) \leqq \frac{1}{t^2}.$$

証明　まず

(10)　$m((y_1x_1 + y_2x_2 + \cdots + y_{\theta_n}x_{\theta_n})^2) \leqq \sigma^2 n$

を証明しよう．(数学的帰納法による．)

1°　$n = 1$ の時．

(11)　$E_i = (y_1 = 0, y_2 = 0, \cdots, y_{i-1} = 0, y_i = 1) \quad (i = 1, 2, \cdots)$

とすれば $E_i \cap E_j = 0\,(i \neq j)$ で，また(4)により $\Omega = \bigcup_{i=1}^{\infty} E_i$．ゆえに

$$(10)\text{の左辺} = \sum_{k=1}^{\infty} m({x_k}^2/E_k)P(E_k).$$

x_k は $y_1, y_2, \cdots, y_k$ と独立なるゆえ $m({x_k}^2/E_k) = m({x_k}^2) \leqq \sigma^2$．ゆえに

$$(10)\text{の左辺} \leqq \sigma^2 \sum_{k=1}^{\infty} P(E_k) = \sigma^2 P(\Omega) = \sigma^2.$$

2°　(10)から

(12)　$m((y_1x_1 + y_2x_2 + \cdots + y_{\theta_{n+1}}x_{\theta_{n+1}})^2) \leqq \sigma^2(n+1)$

を導こう．

(13)　$E_{a_1a_2\cdots a_{n+1}} = (\theta_1 = a_1, \theta_2 = a_2, \cdots, \theta_{n+1} = a_{n+1})$

は $y_1, y_2, \cdots, y_{a_n}, y_{a_{n+1}}$ に関連する条件で定められる．この条件の下における平均値を $m_{a_1a_2\cdots a_{n+1}}$ にてあらわせば($P(E_{a_1a_2\cdots a_{n+1}}) = 0$ ならば $m_{a_1a_2\cdots a_{n+1}} = 0$ とする)，

(14)　$\{E_{a_1a_2\cdots a_{n+1}}\,;\, a_1 < a_2 < \cdots < a_{n+1}\}$ は互いに共通点をもたず，

(15)　$\Omega = \cup E_{a_1a_2\cdots a_{n+1}}$

を考慮して

(16)　$m((y_1x_1 + y_2x_2 + \cdots + y_{\theta_{n+1}}x_{\theta_{n+1}})^2)$

$$= \sum m_{a_1a_2\cdots a_{n+1}}((x_{a_1} + x_{a_2} + \cdots + x_{a_{n+1}})^2)P(E_{a_1a_2\cdots a_{n+1}}).$$

さて $E_{a_1a_2\cdots a_{n+1}}$ が $y_1, y_2, \cdots, y_{a_{n+1}}$ に関する条件で定められるから

(17)　$m_{a_1a_2\cdots a_{n+1}}((x_{a_1} + x_{a_2} + \cdots + x_{a_{n+1}})^2)$

$$= m_{a_1a_2\cdots a_{n+1}}(m_{n+1}((x_{a_1} + x_{a_2} + \cdots + x_{a_{n+1}})^2)),$$

ここに m_{n+1} は $y_1, x_1, y_2, x_2, \cdots, y_{a_{n+1}}$ が定まった時の条件付平均値を示す．

$$m_{n+1}((x_{a_1} + x_{a_2} + \cdots + x_{a_{n+1}})^2)$$
$$= (x_{a_1} + x_{a_2} + \cdots + x_{a_n})^2 + 2(x_{a_1} + x_{a_2} + \cdots + x_{a_n})m_{n+1}(x_{a_{n+1}})$$
$$+ m_{n+1}(x_{a_{n+1}}^2).$$

さて $x_{a_{n+1}}$ は $(y_1, x_1, y_2, x_2, \cdots, y_{a_{n+1}})$ と独立なるゆえ

$$m_{n+1}(x_{a_{n+1}}) = m(x_{a_{n+1}}) = 0, \quad m_{n+1}(x_{a_{n+1}}^2) = m(x_{a_{n+1}}^2) \leqq \sigma^2.$$

ゆえに

(18)　$m_{n+1}((x_{a_1} + x_{a_2} + \cdots + x_{a_{n+1}})^2) \leqq (x_{a_1} + x_{a_2} + \cdots + x_{a_n})^2 + \sigma^2.$

(18)を(17)に代入すれば

$$m_{a_1a_2\cdots a_{n+1}}((x_{a_1}+x_{a_2}+\cdots+x_{a_{n+1}})^2)$$
$$\leqq m_{a_1a_2\cdots a_{n+1}}((x_{a_1}+x_{a_2}+\cdots+x_{a_n})^2)+\sigma^2.$$

これを(16)に代入すれば

$$\begin{aligned}\text{右辺} &\leqq \sum m_{a_1a_2\cdots a_{n+1}}((x_{a_1}+x_{a_2}+\cdots+x_{a_n})^2)P(E_{a_1a_2\cdots a_{n+1}})+\sigma^2\\ &= \sum m_{a_1a_2\cdots a_n}((x_{a_1}+x_{a_2}+\cdots+x_{a_n})^2)P(E_{a_1a_2\cdots a_n})+\sigma^2\\ &= m((y_1x_1+y_2x_2+\cdots+y_{\theta_n}x_{\theta_n})^2)+\sigma^2\\ &\leqq n\sigma^2+\sigma^2=(n+1)\sigma^2 \qquad \text{((10)の証明終)}.\end{aligned}$$

次に定理の証明に移ろう．

$$(19)\quad \max_{1\leqq k\leqq\theta_\nu-1}|y_1x_1+y_2x_2+\cdots+y_kx_k|<t\sigma\sqrt{n},$$
$$|y_1x_1+y_2x_2+\cdots+y_{\theta_\nu}x_{\theta_\nu}|\geqq t\sigma\sqrt{n}$$

にてあらわされる Ω の部分集合を E_ν とする．$\theta_\nu=1$ の時には(19)の最初の条件は除去する．$E_1,E_2,\cdots,E_n$ は互いに共通点がない．今 $E_\nu\cap(\theta_\nu=\theta)$ $(\theta=\nu,\nu+1,\cdots;\nu=1,2,\cdots,n)$ は次の三条件で定められる Ω の部分集合であって，これを $E_{\nu,\theta}$ にてあらわす．$E_{\nu,\nu},E_{\nu,\nu+1},\cdots$ もまた互いに共通点がない．

$$(20)\quad y_1+y_2+\cdots+y_{\theta-1}=\nu-1,\quad y_1+y_2+\cdots+y_\theta=\nu,$$

$$(21)\quad \max_{1\leqq k\leqq\theta-1}|y_1x_1+y_2x_2+\cdots+y_kx_k|<t\sigma\sqrt{n},$$

$$(22)\quad |y_1x_1+y_2x_2+\cdots+y_\theta x_\theta|\geqq t\sigma\sqrt{n}.$$

前の θ_ν は確率変数であったが，この θ は定数である．$E_{\nu,\theta}$ の上では $\theta_n\geqq\theta_\nu=\theta$．$M_{\nu,\theta}$ をもって $E_{\nu,\theta}$ なる条件の下における平均値をあらわすことにすれば

$$\begin{aligned}(23)\quad & m((y_1x_1+y_2x_2+\cdots+y_{\theta_n}x_{\theta_n})^2)\\ &\geqq \sum_{\nu=1}^{n}\sum_{\theta=\nu}^{\infty}M_{\nu,\theta}((y_1x_1+y_2x_2+\cdots+y_\theta x_\theta\\ &\qquad +y_{\theta+1}x_{\theta+1}+\cdots+y_{\theta_n}x_{\theta_n})^2)P(E_{\nu,\theta}).\end{aligned}$$

さて $E_{\nu,\theta}$ が $y_1,x_1,y_2,x_2,\cdots,y_\theta,x_\theta$ に関連する条件で定められているから，この変数が定まった時の条件付平均値を m_θ とすれば

$$\begin{aligned}(24)\quad & M_{\nu,\theta}((y_1x_1+y_2x_2+\cdots+y_{\theta_n}x_{\theta_n})^2)\\ &= M_{\nu,\theta}(m_\theta((y_1x_1+y_2x_2+\cdots+y_\theta x_\theta+y_{\theta+1}x_{\theta+1}+\cdots+y_{\theta_n}x_{\theta_n})^2))\\ &= M_{\nu,\theta}\{(y_1x_1+y_2x_2+\cdots+y_\theta x_\theta)^2\end{aligned}$$

$$+2(y_1x_1+y_2x_2+\cdots+y_\theta x_\theta)m_\theta(y_{\theta+1}x_{\theta+1}+\cdots+y_{\theta_n}x_{\theta_n})$$
$$+m_\theta((y_{\theta+1}x_{\theta+1}+\cdots+y_{\theta_n}x_{\theta_n})^2)\}.$$

さて

$$m_\theta(y_{\theta+1}x_{\theta+1}+\cdots+y_{\theta_n}x_{\theta_n})$$
$$=m_\theta(y_{\theta+1}x_{\theta+1})+\cdots+m_\theta(y_{\theta_n}x_{\theta_n})$$
$$=m_\theta(y_{\theta+1}m'_\theta(x_{\theta+1}))+\cdots+m_\theta(y_{\theta_n}m'_{\theta_{n-1}}(x_{\theta_n})),$$

ここに m'_θ は $y_1,x_1,y_2,x_2,\cdots,y_\theta,x_\theta,y_{\theta+1}$ が定まった時の条件付平均値である．$x_{\theta+1}$ が $y_1,x_1,y_2,x_2,\cdots,y_\theta,x_\theta,y_{\theta+1}$ と独立であることに注意すれば

$$m'_\theta(x_{\theta+1})=m(x_{\theta+1})=0,\quad \cdots,\quad m'_{\theta_{n-1}}(x_{\theta_n})=m(x_{\theta_n})=0.$$

ここに(24)より

$$M_{\nu,\theta}((y_1x_1+y_2x_2+\cdots+y_{\theta_n}x_{\theta_n})^2)\geqq M_{\nu,\theta}((y_1x_1+y_2x_2+\cdots+y_\theta x_\theta)^2)$$

(22)式により

$$\geqq t^2\sigma^2 n.$$

ゆえに(23)式および(10)式により

$$n\sigma^2\geqq t^2\sigma^2 nP(\cup E_{\nu,\theta})=t^2\sigma^2 nP\Big(\max_{1\leqq k\leqq\theta_n}|y_1x_1+y_2x_2+\cdots+y_kx_k|\geqq t\sigma\sqrt{n}\Big).$$

すなわち目的の不等式(9)を得た．

§28　統計的分布

日本人成人男子の身長を大数観察して調べたところ，$\xi_1,\xi_2,\cdots,\xi_n$ なる値を得たとする．この値の組の分布状態は次のごとき実数空間の上の集合関数 π であらわされる．

(1)　$\pi(E)=\dfrac{1}{n}\times(\xi_1,\xi_2,\cdots,\xi_n$ の中で E の中に落ちるものの数$)$

が確率測度の条件を満していることはすぐに検証される．この確率測度 π を統計系列 $\xi_1,\xi_2,\cdots,\xi_n$ の**統計的分布**といい $\pi_{\xi_1\xi_2\cdots\xi_n}$ にてあらわす．しかして我々は経験上，観察数を増すにつれて $\pi_{\xi_1\xi_2\cdots\xi_n}$ が一定の分布に近づくことを知っている．

この事実を数学的に表現するために，我々は日本人の成人男子の身長はある確率測度 P_1 に従う確率変数と見なし，かつ互いに独立と考える．$\xi_1, \xi_2, \cdots, \xi_n$ なる値はその確率変数のとった特殊の値の系列と見なす．今この確率変数を $x_1, x_2, \cdots, x_n$ とすると，$\pi_{x_1 x_2 \cdots x_n}$ もまた一つの確率変数——その値域は実数空間の上の確率測度の場合——である．$P_{x_1} = P_{x_2} = \cdots = P_{x_n} = \cdots = P_1$ とする．そのとき

(2)　$\pi_{x_1 x_2 \cdots x_n}$ が $n \to \infty$ の時 P_1 に近づく

ことを示せば上の事実を説明したことになる．

定理 28.1　$x_1, x_2, \cdots$ を互いに独立でかつ P_1 に従う確率変数とする．$x_1, x_2, \cdots, x_n$ の統計的分布 $\pi_{x_1 x_2 \cdots x_n}$ が 12 節で定義した距離に関して P_1 に収束する確率は 1 である．

証明　$r_1, r_2, r_3, \cdots$ を $(-\infty, \infty)$ の上でいたるところ稠密な集合とする．$(-\infty, r_i) = E_i$ とする．今 $y^{(i)}$ を

(3)　$y_n^{(i)} = 1$　　$x_n \in E_i$ のとき　　$(n = 1, 2, 3, \cdots,\ i = 1, 2, 3, \cdots)$,

　　$y_n^{(i)} = 0$　　$x_n \notin E_i$ のとき

で定義すれば

(4)　$m(y_n^{(i)}) = P_1(E_i)$,

(5)　$\pi_{x_1 x_2 \cdots x_n}(E_i) = \dfrac{1}{n}(y_1^{(i)} + y_2^{(i)} + \cdots + y_n^{(i)})$.

大数の強法則によれば

$$P\left(\lim_{n \to \infty} \frac{1}{n}(y_1^{(i)} + y_2^{(i)} + \cdots + y_n^{(i)}) = P_1(E_i)\right) = 1.$$

ゆえに

$$P\left(\bigcap_{i=1}^{\infty}\left(\lim_{n \to \infty} \frac{1}{n}(y_1^{(i)} + y_2^{(i)} + \cdots + y_n^{(i)}) = P_1(E_i)\right)\right) = 1.$$

すなわち

$$P\left(\bigcap_{i=1}^{\infty}\left(\lim_{n \to \infty} \pi_{x_1 x_2 \cdots x_n}(E_i) = P_1(E_i)\right)\right) = 1.$$

この左辺 P の次の括弧の中は $\pi_{x_1 x_2 \cdots x_n}$ が $n \to \infty$ の時，P_1 に 12 節の意味の距離に関して収束することを意味する．（定理 12.2 の証明 2° と相似た方法で証明し得る．）

§29　重複対数の法則，エルゴード定理について

確率 p の事象を n 回独立に観測して起った回数を r とする時

(1)　$P\left(\lim \dfrac{r}{n} = p\right) = 1$

なることは大数の強法則の示すところであるが，さらにその収束の速さを評価して次のような精密な結果が A. Khinchin によって得られた．

定理　（重複対数の法則）

$$P\left(\overline{\lim} \frac{|r-np|}{\sqrt{2np(1-p)\log\log n}} = 1\right) = 1.$$

これを拡張して独立な確率変数の和に関するものも得られていて極めて興味深いものであるが，証明は非常に面倒であるので省略する．

また本節では $x_1, x_2, \cdots$ なる確率変数を独立として $\left\{\dfrac{\sum_{i=1}^{n} x_i}{n}\right\}$ の収束を論じた．しかし $x_1, x_2, \cdots$ が独立でないような場合にも同様な定理が得られる．かかる諸定理はエルゴード定理と呼ばれ，確率論の大きな部門をなしている．後章においてその特別な場合に触れるであろう．

第5章

確率変数列

§30　一般的なこと

21 節で述べたようにマルコフの連鎖は確率変数列として数学的に表現され，大数の法則は確率変数列の収束問題の一種であることは既述の通りである．それゆえ一般に確率変数列の性質を研究しておくことは重要である．

$x_1, x_2, \cdots$ を $(\Omega, \mathcal{F}, P)$ の上の実確率変数列としよう．

(1)　$P(x_n \in E/(x_1, x_2, \cdots, x_{n-1})) = P(x_n \in E/x_{n-1})$

なる時，$\{x_n\}$ を**単純マルコフ過程**あるいは簡単にただ**マルコフ過程**という．(いうまでもなく $(x_1, x_2, \cdots, x_n)$ は $x_1, x_2, \cdots, x_n$ の結合(6 節)を意味する．) 特にこれが $P(x_n \in E)$ に等しいならば $\{x_i\}$ は独立な確率変数列であるわけである．

$x_1, x_2, \cdots$ を独立な実確率変数列とし，その確率法則がそれぞれ $P_1, P_2, \cdots$ であるとしよう．今

(2)　$s_n = x_1 + x_2 + \cdots + x_n, \quad y_n = \dfrac{1}{n}(x_1 + x_2 + \cdots + x_n) \quad (n = 1, 2, \cdots)$

と置くと $\{s_n\}$ も $\{y_n\}$ も単純マルコフ過程である．なぜならば

(3)　$P(s_n \in E/(s_1, s_2, \cdots, s_{n-1})) = P_n(E(-)s_{n-1})$,

(4)　$P(y_n \in E/(y_1, y_2, \cdots, y_{n-1})) = P_n((E(\times)n)(-)((n-1)y_{n-1}))$.

ここに $E(\times)\lambda$, $E(-)\lambda$ はそれぞれ $E(\lambda\omega;\ \omega\in E)$, $E(\omega-\lambda;\ \omega\in E)$ をあらわす．ゆえに大数の法則は単純マルコフ過程の $n\to\infty$ なる時における極限問題の一種である．

§31　条件付確率法則

x を $(\Omega,\mathcal{F},P)$ の上の実確率変数とし，y を任意の確率変数とする．y を固定した時 x があるボレル集合 E に入る(条件付)確率 $P(x\in E/y)$ は一つの実確率変数である(8節)．E をすべてのボレル集合を動かした時 $P(x\in E/y)$ の結合(6節)を作ることにより y を固定した時の x の確率法則を得るかのごとく思われる．しかしそれは早計である．E の動く範囲はすべてのボレル集合であるから可算個ではない．ゆえに6節の結合の定義を無造作に応用することはできない．それゆえ次のように考える．

条件付確率と同様，条件付確率法則も一つの確率変数である．それは $\mathbb{R}$-確率測度を値としてもつ．$\mathbb{R}$-確率測度は実ボレル集合系の上の実関数と考え得るから，その集合を $\mathcal{L}$ とすれば，$\mathcal{L}$ は一種の関数空間である．ゆえにその上に筒集合を基礎としたボレル集合の概念を定義し得る(20節)．ゆえに条件付確率法則は $\mathcal{L}$-確率変数である．条件付確率法則は古くから用いられているが，ここに述べるように厳密に考察したのは J. L. Doob[2]が始めてである．

定理 31. 1　$P(P_{x/y}(E')=P((x\in E')/y))=1$ が任意の実ボレル集合 E' に対して成立するような $\mathcal{L}$-確率変数 $P_{x/y}$ を **$\boldsymbol{y}$ が定まった時の $\boldsymbol{x}$ の(条件付)確率法則**という．

さてかかる $P_{x/y}$ が x,y に対して必ず存在し，かつ $\mathcal{L}$-確率変数として一義的に定まることを示そう．一義的に定まるというのは，もし二つあるとしてもそれは同等 (P) であるという意である．

まず存在を示そう．

$\mathbb{R}'\equiv\{r_i\}$ を $(-\infty,\infty)$ でいたるところ稠密な可算集合とし，E_i を次のように定義する．

(1)　$E_i=(-\infty,r_i)\quad(i=1,2,\cdots).$

まず次の三条件の皆成立する確率は 1 であることを証明する．

(2)　$r_i < r_j$ ならば $P(x \in E_i/y) \leqq P(x \in E_j/y)$,

(3)　$\lim_{r_i \to \infty} P(x \in E_i/y) = 1$,

(4)　$\lim_{r_i \to -\infty} P(x \in E_i/y) = 0$.

さて y の変域を $(\Omega_1, \mathcal{F}_1)$ とする．$E \in \mathcal{F}_1$ に対して

(5)　$$\int_E P(x \in E_i/y) P_y(dy) = P((x \in E_i) \cap (y \in E)).$$

ゆえに $r_i < r_j$ ならば $E_i \subset E_j$ だから

(6)　$$\int_E P(x \in E_i/y) P_y(dy) \leqq \int_E P(x \in E_j/y) P_y(dy).$$

E が任意の集合であるから $P(x \in E_i/y) \leqq P(x \in E_j/y)$ が P_y-測度 0 の y を除いて成立する．従ってこの y を ω の関数と見れば，この式が P-測度 0 を除いて成立する．

ゆえに固定した i, j の組に対しては(2)が確率 1 をもって成立するが，i, j のとり方は高々可算個で，また可算個の確率 1 の集合の共通集合はやはり確率 1 なるゆえ，(2)だけが成立する確率は 1 である．

(2)が成立すれば $\lim_{r_i \to \infty} P(x \in E_i/y)$ が存在する．任意の $E \in \mathcal{F}_1$ に対して

(7)　$$\begin{aligned} \int_E \lim_{r_i \to \infty} P(x \in E_i/y) P_y(dy) &= \lim_{r_i \to \infty} \int_E P(x \in E_i/y) P_y(dy) \\ &= \lim_{r_i \to \infty} P((x \in E_i) \cap (y \in E)) \\ &= P((x \in \Omega) \cap (y \in E)) = P(y \in E). \end{aligned}$$

E は任意なるゆえ，(3)が P_y-測度 0 を除いて，すなわち P-測度 0 を除いて成立する．同様に(4)もまた P-測度 0 を除いて成立する．ゆえに(2), (3), (4)が成立する確率は 1 である．すなわち(2), (3), (4)の成立する ω の集合を Ω' とすれば $P(\Omega') = 1$.

今 $\omega \in \Omega'$ に対して $P_{x/y}$ を次のごとく定義する．

(8)　$$P_{x/y}((-\infty, \lambda]) = \lim_{r_i \to \lambda+0} P(x \in E_i/y).$$

この定義は(2)により可能である．(2), (3), (4)により $P_{x/y}((-\infty, \lambda])$ は λ の関数と見る時，分布関数(11 節)である．従ってこれから $\mathbb{R}$-確率測度を定めることができる．これを $P_{x/y}$ にてあらわそう．

(7)式と同様な論法を何回もくりかえすことにより，任意のボレル集合 E' に対して

(9)　$P(P_{x/y}(E')=P(x\in E'/y))=1$

が示される．

次に(9)を満足する $P_{x/y}$ が他にあったとし，これを $P'_{x/y}$ とすると $E_i=(-\infty,r_i]$ に対して

$$P(P_{x/y}(E_i)=P(x\in E_i/y))=1 \quad (i=1,2,\cdots),$$
$$P(P'_{x/y}(E_i)=P(x\in E_i/y))=1 \quad (i=1,2,\cdots).$$

$\{i\}$ が可算集合なるゆえ

(10)　$P(P_{x/y}(E_i)=P'_{x/y}(E_i),\ i=1,2,3,\cdots)=1$

を得る．$P_{x/y}$ も $P'_{x/y}$ も $\mathbb{R}$-確率測度なるゆえ，P の括弧の中は $P_{x/y}=P'_{x/y}$ を意味する．

§32　単純マルコフ過程と遷移確率系

30節で述べたごとく単純マルコフ過程においては条件付確率 $P(x_n\in E/(x_1, x_2,\cdots,x_{n-1}))$ が $P(x_n\in E/x_{n-1})$ に等しい(確率が1である)が，それから条件付確率法則についても，

(1)　$P_{x_n/(x_1,x_2,\cdots,x_{n-1})}=P_{x_n/x_{n-1}} \quad (n=2,3,\cdots)$

が成立することが導かれる．

$P_{x_n/x_{n-1}}$ を**遷移確率法則**と呼ぶことがある．x_n をもって，n という時点における ある偶然量の位置をあらわすことにすると，$P_{x_n/x_{n-1}}$ は $(n-1)$ なる時点で x_{n-1} にあったものが n なる時点でどこに移るかという推定の確率を示しているので，この遷移確率法則の名がある．

さて関数系 $\{P_\lambda^{(n)}(E)\}$ があって

(2)　$P_\lambda^{(n)}(E)$ は集合 E の関数として $\mathbb{R}$-確率測度である，

(3)　$P_\lambda^{(n)}(E)$ は λ の関数としてはベール関数である

時，$P_\lambda^{(n)}(E)$ を**遷移確率系**ということにする．

遷移確率系 $\{P_\lambda^{(n)}(E)\}$ に対して

(4)　$P_{x_n/x_{n-1}}(E) = P^{(n)}_{x_{n-1}}(E) \quad (n=2,3,\cdots)$

となるような単純マルコフ過程が存在することを次に示そう．実数の列$(\lambda_1, \lambda_2, \cdots)$をとり，これを$\omega$とし，$\omega$の集合を$\Omega$とする．$\Omega$が確率空間となるべきものである．

(5)　$x_i(\lambda_1, \lambda_2, \cdots) = \lambda_i$

とする．$(x_1, x_2, \cdots, x_n)$が$\mathbb{R}^n$のボレル集合E_nに属する確率を

(6)　$P((x_1, x_2, \cdots, x_n) \in E_n)$

$$= \iint \cdots \int_{E_n} P_1(d\lambda_1) P^{(2)}_{\lambda_1}(d\lambda_2) P^{(3)}_{\lambda_2}(d\lambda_3) \cdots P^{(n)}_{\lambda_{n-1}}(d\lambda_n).$$

P_1は任意の$\mathbb{R}$-確率測度である．これによりΩの部分集合で，$(1, 2, 3, \cdots, n)$の上のボレル筒集合となっているものには確率が与えられたことになる．コルモゴロフの拡張定理を応用してΩに確率測度Pが導入され，これに関して(4)は正しいことはすぐに分かる．P_1の定め方に応じてPが定まるわけでP_1は微分方程式における任意定数と相似たものである．

$x_1, x_2, \cdots$のとる値が1からmまでの整数であるという特別の場合には$P^{(n)}_{\lambda}(E)$の代りに$P^{(n)}(m', m'')$を用いれば充分である．これは$x_{n-1}=m'$の条件の下における$x_n=m''$なる確率をあらわす．条件(2)の代りに

(7)　$\displaystyle\sum_{m''=1}^{m} P^{(n)}(m', m'') = 1$

が要求される．かかる簡単な場合には(3)は始めから成立している．今$1 \leqq m' \leqq m$, $1 \leqq m'' \leqq m$に対して$P^{(n)}(m', m'')$から作った行列を$p^{(n)}$と書き，$P(x_k = m') = p_k(m')$, $p_k = (p_k(1), p_k(2), \cdots, p_k(m))$とすれば，

(8)　$p_n = p_1 \cdot p^{(2)} p^{(3)} \cdots p^{(n)}$

であって，これによりx_nの確率法則を求め得る．また(6)において

$$E_n = \underset{(1)}{(-\infty, \infty)} \times \underset{(2)}{(-\infty, \infty)} \times \cdots \times \underset{(n-1)}{(-\infty, \infty)} \times E \quad (\times \text{ は空間の積})$$

とすれば

(9)　$P(x_n \in E)$

$$= \int_{\lambda_1=-\infty}^{\infty} \int_{\lambda_2=-\infty}^{\infty} \cdots \int_{\lambda_{n-1}=-\infty}^{\infty} \int_{\lambda_n \in E} P_1(d\lambda_1) P^{(2)}_{\lambda_1}(d\lambda_2) P^{(3)}_{\lambda_2}(d\lambda_3) \cdots P^{(n)}_{\lambda_{n-1}}(d\lambda_n)$$

を得るが，(8)は(9)の特別の場合である．

単純マルコフ過程において遷移確率 $P_\lambda^{(n)}$ が n に無関係な時には，**時間的に一様**であるという．

単純マルコフ過程において x_n の確率法則 P_{x_n} が $n\to\infty$ の時どういうふうになるかという問題を一般に**エルゴードの問題**といっている．

§33　エルゴードの問題の簡単な例

カルタを何回も切るとき最初の配列はどんなであっても，切る回数を増せばすべての配列が同程度に起り得るようになる．すなわちいずれの配列がより起り易い等ということはいえなくなる．これは我々が経験上知っていることで，カルタを何回も切るゆえんもまたこれにあるのである．

これを確率論的に考察すると実はエルゴードの問題となっている．カルタの配列の方法に番号をつけ，$1,2,\cdots,m$ とする．カルタが h 枚ある時には $m=h!$ である．さて，一回切ることによって i なる配列から j なる配列へ移る確率を p_{ij} とする．行列 $\{p_{ij}\}$ は個人によって異なるであろうが，次のことは確かである．

(1)　$\{p_{ij}^{(n)}\}\equiv\{p_{ij}\}^n$（行列の乗法による n 乗）は n を充分大きくすれば，$p_{ij}^{(n)}>0\,(i,j=1,2,\cdots,m)$ を満足するようにできる．

けだし，$p_{ij}^{(n)}$ は n 回切ることによって，i なる配列から j なる配列に移る確率で，これがすべての n に対して0であれば，その切り方では，最初 i の配列にあるものを j の配列にすることは永久に不可能であるから，上手な切り方ではない．ゆえに(1)は妥当な仮定といえる．なお $p_{ij}=p_{ji}$ を仮定する．

最初の配列が i である確率を p_i とする．この配列が分かっている時には，p_i の一つだけが1で他は0である．

そうすると n 回切った後の配列の確率は

(2)　$(p_1^{(n)},p_2^{(n)},\cdots,p_m^{(n)})\equiv(p_1,p_2,\cdots,p_m)\{p_{ij}^{(n)}\}.$

問題は $p_i^{(n)}$ が $n\to\infty$ の時 $\dfrac{1}{m}$ に近づくことである．

定理 33.1　$p_{ij}\,(i,j=1,2,\cdots,m)$, $p_i\,(i=1,2,\cdots,m)$ が次の条件を満足すると

する．

(3)　$p_{ij} \geqq 0, \quad \sum_{j=1}^{m} p_{ij} = 1, \quad p_{ij} = p_{ji},$

(4)　$\{p_{ij}\}^n \equiv \{p_{ij}^{(n)}\}$ は n を充分大きくすれば $p_{ij}^{(n)} > 0\,(i, j = 1, 2, \cdots, m)$ を満す．

そのとき

(5)　$p_i \geqq 0, \quad \sum_{i=1}^{m} p_i = 1$

ならば $n \to \infty$ の時

(6)　$(p_1^{(n)}, p_2^{(n)}, \cdots, p_m^{(n)}) \equiv (p_1 p_2 \cdots p_m)\{p_{ij}^{(n)}\} \longrightarrow \left(\frac{1}{m}, \frac{1}{m}, \cdots, \frac{1}{m}\right).$

証明　まず

(7)　$p_{ij} > 0 \quad (i, j = 1, 2, \cdots, m)$

の場合を証明する．

仮定により

(8)　$p_j^{(n+1)} = \sum_{\sigma=1}^{m} p_{\sigma j} p_{\sigma}^{(n)}.$

$p_{\sigma j}$ の最小(σ, j が $1, 2, \cdots, m$ を動く時の最小)を ε とすれば，(7)式により $\varepsilon > 0$，また(3)によれば(8)の右辺は $p_1^{(n)}, p_2^{(n)}, \cdots, p_m^{(n)}$ の加重平均である．$p_1^{(n)}, p_2^{(n)}, \cdots, p_m^{(n)}$ のうち最大なものを g_n，最小なものを l_n とすれば，最小なものに対する重さを ε に減じて，その代りに，最大なものに対する重さを増し，その後最小のもの以外を g_n にて置きかえれば，

$$\sum_{\sigma=1}^{m} p_{\sigma}^{(n)} p_{\sigma j} \leqq \varepsilon l_n + (1-\varepsilon) g_n.$$

ゆえに

(9)　$g_{n+1} \leqq \varepsilon l_n + (1-\varepsilon) g_n$　同様に　$l_{n+1} \geqq \varepsilon g_n + (1-\varepsilon) l_n,$

従って　$g_{n+1} - l_{n+1} \leqq (1-2\varepsilon)(g_n - l_n),$

ゆえに $g_n - l_n \leqq (1-2\varepsilon)^{n-1}(g_1 - l_1)$，ゆえに $\lim_{n\to\infty}(g_n - l_n) = 0$ である．しかるに $g_1 \geqq g_2 \geqq \cdots$，$l_1 \leqq l_2 \leqq \cdots$ なるゆえ $\lim_{n\to\infty} g_n$ および $\lim_{n\to\infty} l_n$ が存在する．

ゆえに $\lim_{n\to\infty} g_n = \lim_{n\to\infty} l_n$，$\sum_{\sigma} p_{\sigma}^{(n)} = 1$ なるゆえ $\lim_{n\to\infty} p_{\sigma}^{(n)} = \frac{1}{m}$ を得た．

さて $p_{ij}>0$ なる仮定を捨てて考えよう．この時にも(4)により $p_{ij}^{(r)}>0\,(i,j=1,2,\cdots,m)$ なる r をとれば，

$$(10)\quad (p_1^{(kr)},p_2^{(kr)},\cdots,p_m^{(kr)})=(p_1,p_2,\cdots,p_m)\{p_{ij}^{(r)}\}^k \longrightarrow \left(\frac{1}{m},\frac{1}{m},\cdots,\frac{1}{m}\right) \quad (k\to\infty).$$

一般の n に対して $n=kr+p\,(0\leqq p<r)$ とおけば，$n\to\infty$ の時 $k\to\infty$ であって

$$(p_1^{(n)},p_2^{(n)},\cdots,p_m^{(n)})=(p_1^{(kr)},p_2^{(kr)},\cdots,p_m^{(kr)})\{p_{ij}\}^p.$$

$p_1^{(n)},p_2^{(n)},\cdots,p_m^{(n)}$ はいずれも $p_1^{(kr)},p_2^{(kr)},\cdots,p_m^{(kr)}$ の加重平均なるゆえ，その最大と最小との間にある．ゆえに(10)により $(p_1^{(n)},p_2^{(n)},p_3^{(n)},\cdots,p_m^{(n)})$ についても(6)式を得る．

上の定理では確率空間は全然問題になっていない．しかしそれは構成すればできるのであって裏に隠しておいたに過ぎない．しかしながらさらに進んで次のような問題を考えると，もはや確率空間を伏せておいては進めない．

$p_\sigma^{(n)}$ なるものはこれを経験的に知ることはできない．むしろ我々が知り得るのは，カルタを切る度に得られた配列を記録して得られる系列である．この系列の中にあらゆる配列が一様にあらわれてくるべきであろう．これをいかに確率論的に表現するか．

今まで何回も述べたように，配列の系列をあらわす数列 $(\omega_1,\omega_2,\cdots)$ を元とする空間 Ω に，遷移確率系により確率測度を導入し，$x_i(\omega_1,\omega_2,\cdots,\omega_n,\cdots)\equiv\omega_i$ なる確率変数 x_i の列により，配列の系列をあらわすことにする．すると上の問題は統計的分布 $\pi_{x_1x_2\cdots x_n}$ (28節)が $n\to\infty$ の時 $(1,2,3,\cdots,m)$ の上一様分布(各々に $\dfrac{1}{m}$ なる確率を与える確率測度)に近づくことを意味する．これを証明するためには，定理28.1の証明と同様に，

$$x_i=k \text{ ならば } y_i^{(k)}=1,$$
$$x_i\neq k \text{ ならば } y_i^{(k)}=0 \quad (k=1,2,\cdots,m,\ i=1,2,3,\cdots)$$

なる y_i を考える時，$k=1,2,\cdots,m$ に対して

$$(11)\quad P\left(\lim_{n\to\infty}\frac{y_1^{(k)}+y_2^{(k)}+\cdots+y_n^{(k)}}{n}=\frac{1}{m}\right)=1$$

が成立することを証明すればよい．$y_1^{(k)},y_2^{(k)},\cdots,y_n^{(k)},\cdots$ は互いに独立ではないから，前章の大数の強法則は利用できない．

大数の強法則に類似して，しかもこの場合に利用できるような定理が，次節に述べるエルゴード定理である．

§34　エルゴード定理

エルゴード定理は元来統計力学におけるエルゴード仮説に関連して生まれたものである．G. D. Birkhoff[1]はその方面に用いる目的で次の興味ある定理を証明した．これを確率論に応用し得ることを示したのは E. Hopf[1]である．

定理 34.1　（バーコフの個別エルゴード定理）　Ω の上に測度 $m\,(m(\Omega)<\infty)$ が与えられているとする．T が Ω を Ω 自身に移す一対一の変換であって，測度 m をかえない，すなわち任意の可測集合 E に対して

(1)　$m(TE)=m(E),\quad m(T^{-1}E)=m(E)$

とする．$f(\omega)$ を Ω の上の積分可能な関数とする．すなわち

(2)　$\displaystyle\int_\Omega |f(\omega)|m(d\omega)<\infty.$

しからば $\displaystyle\lim_{n\to\infty}\frac{\sum_0^{n-1} f(T^\nu\omega)}{n}$ は Ω の上のほとんどいたるところ (m) で存在し，これを $f^*(\omega)$ にてあらわせば

(3)　$f^*(T^\nu\omega)=f^*(\omega)$

がほとんどいたるところで成立し，

(4)　$\displaystyle\int_\Omega f(\omega)m(d\omega)=\int_\Omega f^*(\omega)m(d\omega)$

である．

証明　Birkhoff 自身の証明は極めて巧妙であるので，これを述べる．

まず

(5)　$\displaystyle M_n(\omega,f)\equiv\frac{1}{n}\sum_0^{n-1} f(T^\nu\omega),$

(6)　$\displaystyle \varphi(\omega,f)\equiv\overline{\lim_{n\to\infty}}\, M_n(\omega,f)$

とする．もし

(7)　$$\int_\Omega f(\omega)m(d\omega) \geqq \int_\Omega \varphi(\omega, f)m(d\omega)$$

を証明し得るならば，$f(\omega)$ の代りに $-f(\omega)$ を用いて

(8)　$$-\int_\Omega f(\omega)m(d\omega) \geqq \int_\Omega -\varliminf_{n\to\infty} M_n(\omega, f)m(d\omega).$$

(7), (8)を加えて

(9)　$$0 \geqq \int_\Omega (\varlimsup_{n\to\infty} M_n(\omega, f) - \varliminf_{n\to\infty} M_n(\omega, f))m(d\omega).$$

ゆえに $f^*(\omega)$ の存在および(4)を得る．(3)は $f^*(\omega)$ の定義より明らか．

(7)を証明するために，まず可測関数 $\lambda(\omega)$ が

(10)　$$\lambda(\omega) < \varphi(\omega, f), \quad \lambda(T^\nu\omega) = \lambda(\omega) \quad (\nu = 1, 2, \cdots)$$

を満すならば

(11)　$$\int_\Omega f(\omega)m(d\omega) \geqq \int_\Omega \lambda(\omega)m(d\omega)$$

なることを証明する．(5)により

(12)　$$sM_s(\omega) = rM_r(\omega) + (s-r)M_{s-r}(\omega_r), \quad s > r \geqq 1.$$

ここに $M_s(\omega)$ は $M_s(\omega, f)$ を，ω_r は $T^r\omega$ をあらわすことと約束する．以後 Ω の集合 E に T^r を施したものを E_r にてあらわすことにする．次に

(13)　$M_s(\omega) > \lambda(\omega)$, $1 \leqq r < s$ なるすべての r に対して $M_r(\omega) \leqq \lambda(\omega)$

を満足する ω の集合を Ω^s とする．ただし $\Omega^1 = E(\omega;\, M_1(\omega) > \lambda(\omega))$.

$\Omega^1, \Omega^2, \cdots$ は互いに共通点をもたず

(14)　$$\Omega = \bigcup_1^\infty \Omega^\nu.$$

ω が Ω^s に属するならば(12)により

$$M_{s-r}(\omega_r) > \lambda(\omega) = \lambda(\omega_r) \quad (r < s).$$

ゆえに $\omega_r \in \Omega^1 \cup \Omega^2 \cup \cdots \cup \Omega^{s-r}$．従って

(15)　$$\Omega_r^s \subset \Omega^1 \cup \Omega^2 \cup \cdots \cup \Omega^{s-r} \quad (1 \leqq r < s).$$

今 $n > 1$ として $A^1, A^2, \cdots, A^n$ を次のごとく定義する．

(16)　$$\begin{aligned} A^n &= \Omega^n, \\ A^{n-1} &= \Omega^{n-1} - \Omega^{n-1} \cap \left(\bigcup_{r=1}^{n-1} A_r^n\right), \\ A^{n-2} &= \Omega^{n-2} - \Omega^{n-2} \cap \left(\left(\bigcup_{r=1}^{n-1} A_r^n\right) \cup \left(\bigcup_{r=1}^{n-2} A_r^{n-1}\right)\right), \end{aligned}$$

一般に

$$A^k = \Omega^k - \Omega^k \cap \bigcup_{s=k+1}^{n} \bigcup_{r=1}^{s-1} A_r^s \quad (1 \leqq k < n).$$

しからば

$$A^1, A^2, A_1^2, A^3, A_1^3, A_2^3, \cdots, A^k, A_1^k, A_2^k, \cdots, A_{k-1}^k, \cdots, A^n, A_1^n, \cdots, A_{n-1}^n$$

は互いに共通点をもたず，その和集合は $\bigcup_1^n \Omega^\nu$ に等しい．

$$B^s = \bigcup_{r=0}^{s-1} A_r^s \quad (A_0^s = A^s), \quad C^n = \bigcup_1^n B^s = \bigcup_1^n \Omega^\nu$$

とすれば，$f(T^\nu \omega) = f(\omega_\nu)$, $\lambda(T^\nu \omega) = \lambda(\omega)$ なるゆえ

$$\begin{aligned}\int_{B^s} f(\omega) m(d\omega) &= \sum_{r=0}^{s-1} \int_{A_r^s} f(\omega) m(d\omega) = \int_{A^s} \sum_{r=0}^{s-1} f(\omega_r) m(d\omega) \\ &= \int_{A^s} s M_s(\omega) m(d\omega) > \int_{A^s} s\lambda(\omega) m(d\omega) \\ &= \int_{A^s} \sum_{r=0}^{s-1} \lambda(\omega_r) m(d\omega) = \sum_{r=0}^{s-1} \int_{A_r^s} \lambda(\omega) m(d\omega) = \int_{B^s} \lambda(\omega) m(d\omega).\end{aligned}$$

$s = 1, 2, \cdots, n$ に対して上式を辺々相加えると

$$\int_{C^n} f(\omega) m(d\omega) > \int_{C^n} \lambda(\omega) m(d\omega).$$

$n \to \infty$ とすれば

(17)　$$\int_\Omega f(\omega) m(d\omega) \geqq \int_\Omega \lambda(\omega) m(d\omega).$$

さて $\varphi(\omega, f)$ が積分可能であることがいえれば，(17)において

(18)　$$\lambda(\omega) = \min\left(\frac{1}{\varepsilon}, \varphi(\omega, f) - \varepsilon\right)$$

と置いて $\varepsilon \to 0$ とすることにより(7)を得る．($\varphi(\omega, f)$ がほとんどいたるところで $\varphi(T^\nu \omega, f) = \varphi(\omega, f)$ $(\nu = 1, 2, \cdots)$ を満足することは定義から出る．これを満足しない点は始めから抽き去っておいてよい．)

$\varphi(\omega, f)$ が積分可能なことをいうには $|\varphi(\omega, f)| \leqq \varphi(\omega, |f|)$ なるゆえ $\varphi(\omega, |f|)$ が積分可能なことをいえばよい．それには(17)式で $f(\omega)$ の代りに $|f(\omega)|$, $\lambda(\omega)$ を $\min\left(\dfrac{1}{\varepsilon}, \varphi(\omega, |f|) - \varepsilon\right)$ と置いた式で $\varepsilon \to 0$ の極限をとればよい．

この定理を用いて確率論における一種のエルゴード定理を証明する．

定理 34.2　$x_n (n = \cdots, -k, -(k-1), \cdots, -2, -1, 0, 1, 2, \cdots)$ を $(\Omega, \mathcal{F}, P)$ 上の実確率変数列で次の条件を満すものとする．

(19)　x_n は $1, 2, 3, \cdots, l$ のいずれかの値をとり

(20)　$P(x_n=k/x_a=\lambda_a,\ x_{a+1}=\lambda_{a+1},\cdots,x_{n-1}=\lambda)\ (a<n)$ は λ と k とにのみ関係し，これを $p_{\lambda k}$ とすれば，$p_{\lambda k}$ は定理 33.1 の条件(4)を満す．

(21)　$\{x_n\}$ は定常である．すなわち $(x_{n_1},x_{n_2},\cdots,x_{n_s})$ の確率法則が $(x_{n_1+n}, x_{n_2+n},\cdots,x_{n_s+n})$ の確率法則に等しい．

(22)　$\varphi(\lambda)$ を $\lambda=1,2,3,\cdots,l$ に対して定義された実関数とする．

しからば

(23)　$\left\{\dfrac{1}{n}\sum\limits_{k=1}^{n}\varphi(x_k)\right\}$ は確率 1 をもって $m(\varphi(x_0))$ に収束する．

註　定常性により $m(\varphi(x_0))=m(\varphi(x_a))$ (a は任意)．

証明　$\{x_n\}$ の結合 $(x_n\,;\,n=\cdots,-k,-(k-1),\cdots,-2,-1,0,1,2,\cdots)$ を x とし，x の値域 Ω_1 に x の確率法則 P_x を結びつけて得られる確率空間 (Ω_1,P_x) を考え，$\omega_1\in\Omega_1$ すなわち $(\cdots,\lambda_{-k},\cdots,\lambda_{-2},\lambda_{-1},\lambda_0,\lambda_1,\lambda_2,\cdots)$ に対して $x_n'(\omega_1)=\lambda_n$ とすれば，$\{x_n'\}$ の結合 x' の確率法則は x の確率法則に等しい．ゆえに $\{x_n'\}$ に関して

$$P_x\left(\lim_{n\to\infty}\frac{1}{n}\sum_{k=1}^{n}\varphi(x_k')=m(\varphi(x_0'))\right)=1$$

が証明できれば，それでよいわけである．それゆえ始めから Ω の点 ω は $(\cdots,\lambda_{-k},\cdots,\lambda_{-2},\lambda_{-1},\lambda_0,\lambda_1,\lambda_2,\cdots)$ であり，$x_n(\omega)=\lambda_n$ であるとして進んで差し支えない．ω の各項を一つずつ右へずらして得られる点を $T\omega$ とすると，定常性の仮定(21)により，T は測度を変えない一対一変換である．$\varphi(x_k)=\varphi_{k-1}(\omega)$ とすれば $\varphi_0(T^k\omega)=\varphi_k(\omega)$ である．

個別エルゴード定理を応用して $\lim\limits_{n\to\infty}\dfrac{1}{n}\sum\limits_{k=0}^{n-1}\varphi_k(\omega)$ がほとんどいたるところ (P) で存在する．これを $\varphi^*(\omega)$ とすると

$$\int_\Omega\varphi^*(\omega)P(d\omega)=\int_\Omega\varphi_0(\omega)P(d\omega)=m(\varphi(x_0))$$

なるゆえ，定理 34.2 の証明を完成するためには $\varphi^*(\omega)$ が定数なることを証明すればよい．そのためには，$P(\varphi^*<\lambda)=0$ または 1 なることをいえばよい (λ は任意の実数)．

今 $E=(\varphi^*<\lambda)$ とする．かつ E を，有限個の座標 $a,a+1,\cdots,b$ の上に立つ筒集合 E' をもって次のごとく近似する．

(24) $P(E \sim E') < \varepsilon$，ただし $E \sim E' = (E - E') \cup (E' - E)$ とする．

$T^\nu E' = E'_\nu$ にてあらわそう．定常性により

(25) $P(E'_\nu) = P(E')$.

E' が起った仮定の下における E'_ν の確率 $P(E'_\nu/E')$ は ν を大きくすれば

(26) $P(E'_\nu/E') \longrightarrow P(E'_\nu) = P(E')$

を満すことは仮定(20)および定理 33.1 により導かれる．ゆえに

(27) $P(E'_\nu \cap E') = P(E')P(E'_\nu/E') \longrightarrow (P(E'))^2$.

ゆえに ν を充分大きくとって

(28) $|P(E'_\nu \cap E') - (P(E'))^2| < \varepsilon$.

個別エルゴード定理によれば φ^*，従って E が T に関して不変である．

(24)の中の集合に T^ν を施すと，P も T に関して不変であるから，

(29) $P(E \sim E'_\nu) < \varepsilon$.

(24)と上式とから

(30) $P(E' \sim E'_\nu) < 2\varepsilon$.

ゆえにもちろん

(31) $|P(E') - P(E'_\nu \cap E')| < 2\varepsilon$.

(28)と(31)とから

$$
\begin{aligned}
&|(P(E'))^2 - P(E')| < 3\varepsilon, \\
&|(P(E) - (P(E))^2) - (P(E') - (P(E'))^2)| \\
&\quad = |(P(E) - P(E'))(1 - P(E) - P(E'))| \\
&\quad \leqq |P(E) - P(E')| < \varepsilon
\end{aligned}
$$

なるゆえ，上の二式から

$$|P(E) - (P(E))^2| < 4\varepsilon.$$

ε は任意であるから $P(E) - (P(E))^2 = 0$，ゆえに $P(E) = 0$ または 1，すなわち

$$P(\varphi^* < \lambda) = 0 \text{ または } 1, \quad \text{Q. E. D.}$$

定理 34.3 $x_n\,(n = 1, 2, \cdots)$ が(19)ないし(22)を満すならば(23)を得る．

註 $x_n(n < 0)$ がないところが前定理と異なる．

証明 前定理を用いて証明する．まず基礎になる確率空間 $(\Omega, \mathcal{F}, P)$ の点

が数列 $(\omega_1, \omega_2, \cdots)$ $(\omega_i=1,2,\cdots,l,\ i=1,2,\cdots)$ であって $x_i(\omega_1,\omega_2,\cdots)=\omega_i$ と仮定してよい.

今別に確率空間 $(\Omega', \mathcal{F}', P')$ を次のごとく定義する. Ω' の点 ω' は左右に無限にのびている数列 $\{\omega'_i\}$ である. $x'_i(\omega')=\omega'_i$ と定義する. 任意の整数(もちろん負でもよい) r に対して $(x'_r, x'_{r+1}, \cdots)$ が上にいう Ω の部分集合 E に落ちるような ω' の集合 E' には

$$P'(E') = P(E)$$

と定める.

これが Ω' の上で一義的に定まることは条件(21)により明らか. この P' は未だ完全加法的ではないが, コルモゴロフの拡張定理(定理20.1)が応用できて(完全加法的な)確率測度 P' を得る. $(\Omega', \mathcal{F}', P')$ において $(x'_1, x'_2, \cdots)$ の確率法則は実は P であって, 従って

$$(32)\quad P'\left(\lim_{n\to\infty}\frac{1}{n}\sum_{i=1}^{n}\varphi(x'_i)\right)=1$$

がいえれば証明は終ったことになるが, これはちょうど定理34.2の保証するところである.

エルゴード定理の応用として33節の終りに提出した問題を解いてみよう.

まず最初 $p_1=p_2=p_3=\cdots=p_m=\dfrac{1}{m}$ の場合を考える. この場合には $x_1, x_2, \cdots$ は $(\Omega, \mathcal{F}, P)$ の上で定常であることは容易に証明できる.

$$\lambda = k \text{ ならば } \varphi(\lambda)=1, \quad \lambda \neq k \text{ ならば } \varphi(\lambda)=0$$

とすれば $y_i^{(k)}=\varphi(x_i)$ しかも $m(\varphi(x_i))=\dfrac{1}{m}$. ゆえに定理34.3を応用すれば33節(11)式を得る.

次に一般の場合の確率空間 $(\Omega, \mathcal{F}, P')$ は上に得た $(\Omega, \mathcal{F}, P)$ から次のごとくして導かれる.

$$P'(E) = \sum_{i=1}^{m} p_i \frac{P(E\cap(x_1=i))}{P(x_1=i)} = \sum_{i=1}^{m} p_i P(E\cap(x_1=i))m.$$

$P(E)=0$ ならば $P'(E)=0$. ゆえに $(\Omega, \mathcal{F}, P')$ の上でも

$$P'\left(\lim_{n\to\infty}\frac{1}{n}\sum_{i=1}^{n}y_i^{(k)} \neq \frac{1}{m}\right)=0.$$

ゆえに一般の場合にも証明は終った.

以上は**エルゴード定理**の一斑にすぎない．興味のある方は付録 2 の文献に掲げた E. Hopf[1] または吉田耕作氏の総合報告を見られたい．

第 6 章

確率過程

§35　確率過程の定義

確率過程というのは時間と共に変動する偶然現象を確率論的に叙述するために生まれた概念である．本書の立場からいえば，それは**関数空間の値をとる確率変数の一種**である．

$a \leqq t \leqq b$ で定義されたすべての実関数 $f(t)$ の集合を $[a,b]$ の上の一般関数空間と呼び F_{ab} であらわす．$\boldsymbol{F_{ab}}$ **のボレル部分集合**は 20 節に述べたように定義できる．F_{ab} の部分空間を一般に**関数空間**と呼ぶ．関数空間 F'_{ab} がある時，そのボレル集合は F'_{ab} と F_{ab} のボレル集合との共通部分としてあらわされる集合とする．

定義 35.1　確率空間 $(\Omega, \mathcal{F}, P)$ 上の**確率過程** (F'_{ab}) とは，Ω の上で定義され，F'_{ab} を値域とする関数 $x(\omega)$ で次の条件を満すものである．E が F'_{ab} の任意のボレル集合とする時 $x^{-1}(E)$ が常に P-可測となるものである．(換言すれば確率過程 (F'_{ab}) は $\boldsymbol{F'_{ab}}$**-確率変数**(5 節)のことである．)

x が確率過程 (F'_{ab}) なる時には詳しくいうと x は $t \in [a,b]$ と $\omega \in \Omega$ との関数である．ゆえにこれを $x(t,\omega)$ と書くことにする．$x(t,\omega)$ において t を固定して ω を動かすと，Ω の上の実関数が得られるが，これが P-可測であることは x の定義から明らかである．すなわち $x(t,\omega)$ は t を固定すれば，一つの実確率変数をあらわすことが分かる．これは確率過程 x が時点 t においてとる値を示すものである．

確率過程そのものをあらわす時には，$((x(t,\omega);\ a \leqq t \leqq b);\ \omega \in \Omega)$，あるいは単に x であらわし，$x(t,\omega)$ は t と ω とが定まった時の値と解釈する．時点 t における値も確率変数であるから，x_t または $(x(t,\omega);\ \omega \in \Omega)$ であらわし，$x(t,\omega)$ と書けば，その変数が ω に対してとる値と考える．

今までサイコロの目のごとく，整数(詳しくいえば $1,2,3,4,5,6$)しかとらないものでも実確率変数としてあらわしてきたし，またそれで不都合がないどころかかえって便利であった．確率過程の場合にも，F'_{ab} の値をとるものを F_{ab}-確率変数すなわち確率過程 (F_{ab}) として取り扱ったらよいように思われる．しかしそれは誤っている．整数の集合や $(1,2,3,4,5,6)$ なる集合は，これを実数空間の部分集合と見る時，一種のボレル集合である．実数の部分集合で実際にあらわれるものは皆ボレル集合と見て差し支えない．ところが関数空間 F_{ab} の場合はどうであろうか．関数空間 F_{ab} の部分集合として重要なものは，例えばすべての連続関数の集合でも，すべての可測関数の集合でも，すべての単調関数の集合でもすべて F_{ab} の部分集合と見る時，ボレル集合ではないことを証明し得る．この点を反省して確率過程論を精密にしたのは J. L. Doob[1]である．

C_{ab} をすべての連続関数の集合とする時，そのボレル集合として前述の "F_{ab} のボレル集合と C_{ab} との共通部分" をとることについて考察しよう．C_{ab} の部分集合のうち重要なものは，ある定まった連続関数 $f(t)$ との距離——二つの関数の差の絶対値の最大値——が一定数 ε より小なるもの，すなわち $f(t)$ の ε-近傍である．これは上述の意味で確かにボレル集合である．それを示すために，$[a,b]$ の上でいたるところ稠密な点列 $t_1, t_2, \cdots$ を考える．f の ε-近傍 $U(f,\varepsilon)$ は

$$(1)\quad U(f,\varepsilon) = \bigcup_n \bigcap_i E_{i,n} \quad ここに \quad E_{i,n} = E\left(\varphi;\ |\varphi(t_i) - f(t_i)| \leqq \frac{n-1}{n}\varepsilon\right).$$

何となれば $\varphi \in U(f,\varepsilon)$ ならば充分大きい n に対しては

$$\max_{a \leqq t \leqq b} |\varphi(t) - f(t)| \leqq \frac{n-1}{n}\varepsilon \quad ゆえに \quad \varphi \in \bigcap_{i=1}^{\infty} E_{i,n},$$

また $\varphi\in\bigcap_i E_{i,n}$ ならば $|\varphi(t_i)-f(t_i)|\leqq\dfrac{n-1}{n}\varepsilon\ (i=1,2,\cdots)$.

φ, f が共に連続関数なることおよび $\{t_i\}$ が $[a,b]$ の上でいたるところ稠密なることから

$$t\in[a,b] \text{ に対して } |\varphi(t)-f(t)|\leqq\frac{n-1}{n}\varepsilon<\varepsilon,$$

ゆえに $\varphi\in U(f,\varepsilon)$ すなわち(1)を得た.

$E_{i,n}$ は t_i の上のボレル筒集合であるから，(1)により $U(f,\varepsilon)$ もボレル集合である.

ボレル集合の定義ができたから，その空間の上で定義された実関数がベール関数か否かも決定し得る．$f\in F_{ab}$ とするとき，時点における f の値 $f(t)$ は F_{ab} 上の実関数でしかもベール関数である．また $f\in C_{ab}$ の時 $\max|f|$, $\int_a^b f(t)dt$ 等も f のベール関数である.

§36　マルコフ過程

前章においてマルコフ過程のことを述べたが，ここでは確率過程としてのマルコフ過程を問題とする.

定義 36.1　確率過程 $(F_{ab}), x$ があって任意の実ボレル集合 E および任意の実数の組 $a<t_1<t_2<\cdots<t_n<t<s<b$ に対して

(1)　$P(x_s\in E/(x_{t_1},x_{t_2},\cdots,x_{t_n},x_t))=P(x_s\in E/x_t)$　(の確率が 1 である)

ならば，x を**単純なマルコフ過程**あるいは単に**マルコフ過程**という.

$P(x_s\in E/x_t)$ は t と s と x_t の値 ξ と E とに関係する．これを $P(t,s,\xi,E)$ にてあらわし，**t の時に ξ にあったものが s の時に E 内に遷る確率**(**遷移確率**)といい $\{P(t,s,\xi,E)\}$ なる関数系をマルコフ過程 x の**遷移確率系**と呼ぶ.

$\{P(t,s,\xi,E)\}$ に対して次の性質が考えられる.

(2)　$P(t,s,\xi,E)$ は E の関数と見る時 $\mathbb{R}$-確率測度である.

(3)　$P(t,s,\xi,E)$ は ξ のベール関数である.

(4)　$t<u<s$ ならば

$$P(t,s,\xi,E)=\int_{-\infty}^{\infty}P(t,u,\xi,d\lambda)\,P(u,s,\lambda,E).$$

最後の条件式はチャップマン-コルモゴロフの等式と呼ばれるもので，マルコフ過程論の核心をなすものである．

上では(2), (3), (4)を無造作に考えたが，$P(t,s,\xi,E)$ は ξ のすべての値に対して定まるのではなく，P_{x_t}-測度0を除いて定まるのである．それゆえ条件付確率から条件付確率法則(31節)を出した時の周到さをもってすれば，なお問題は残っているが，それはあまりに細緻にわたるからここでは述べない．

遷移確率系 $\{P(t,s,\xi,E)\}$ が(2), (3), (4)を満足するように与えられている時，これを遷移確率にもつような確率過程 (F_{ab}) を構成することができる．それは今まで何回も行ったように $[a,b]$ の上のすべての関数の集合——前節の F_{ab}——を Ω とし，Ω のボレル集合の系を $\mathcal{F}$ とする．$x(\omega)=\omega$ とし，x の時点 t における値を x_t とする．今 $t_1,t_2,\cdots,t_n$ を $[a,b]$ 上の任意点とし $t_1<t_2<\cdots<t_n$ とする．

(5)　$P((x_a,x_{t_1},x_{t_2},\cdots,x_{t_n})\in E_{n+1})$

$$=\int\cdots\int_{E_{n+1}}P(d\lambda_0)P(a,t_1,\lambda_0,d\lambda_1)P(t_1,t_2,\lambda_1,d\lambda_2)\cdots P(t_{n-1},t_n,\lambda_{n-1},d\lambda_n)$$

ここに P は x_a の確率法則となるもので勝手に定めてよい．(5)によって $(a,t_1,t_2,\cdots,t_n)$ の筒集合の上の確率が定まった．同じ筒集合が $(a,t_1,t_2,\cdots,t_n)$ の上の筒集合と考えられると同時に $(a,s_1,s_2,\cdots,s_n)$ の上の筒集合とも考えられる場合，同じ確率が与えられることを示すためにはチャップマン-コルモゴロフの等式を用いなければならない．

さて P を拡張して Ω の上の確率測度を定義することはコルモゴロフの拡張定理(20節)により可能である．かくて得られた確率空間 $(\Omega,\mathcal{F},P)$ の上の確率過程 $(F_{ab}),x$ が求むるものである．

(2), (3), (4)のほかにさらに付帯条件がある時，特殊な関数空間(例えば前節の C_{ab})を値域とするものを定義し得ることもある．

マルコフ過程に関する次の条件は特に重要である．

定義 36.2　マルコフ過程の遷移確率(測度) $P(t,s,\xi,E)$ の分布関数を $F(t,s,\xi,\eta)$ とする時

(6)　$F(t,s,\xi,\eta)$ が $s-t,\xi,\eta$ のみの関数なる時には，このマルコフ過程は時

間的に一様であるという．

(7)　$F(t,s,\xi,\eta)$ が $s,t,\eta-\xi$ のみの関数なる時には，このマルコフ過程は空間的に一様であるという．

定理 36.1　x が空間的に一様なマルコフ過程ならば，任意の実数の組 $t_1 < t_2 < \cdots < t_{n-1} < t_n$ に対して $x_{t_n} - x_{t_{n-1}}$ は $(x_{t_1}, x_{t_2}, \cdots, x_{t_{n-1}})$ と独立である．従って $x_{t_2}-x_{t_1}, x_{t_3}-x_{t_2}, \cdots, x_{t_n}-x_{t_{n-1}}$ は互いに独立である．逆もまた真である．

証明　$P(x_{t_n} - x_{t_{n-1}} < \lambda/(x_{t_1}, x_{t_2}, \cdots, x_{t_{n-1}}))$

$$= P(x_{t_n} < \lambda + x_{t_{n-1}}/(x_{t_1}, x_{t_2}, \cdots, x_{t_{n-1}})),$$

マルコフ過程なるゆえ，その遷移確率測度の分布関数を $F(t,s,\xi,\eta)$ とすれば

$$= F(t_{n-1}, t_n, x_{t_{n-1}}, \lambda + x_{t_{n-1}}).$$

さらに空間的に一様であるという仮定から，$F(t,s,\xi,\eta)$ は $t,s,\eta-\xi$ の関数である．これを $\varphi(t,s,\eta-\xi)$ とすれば，結局

$$P(x_{t_n} - x_{t_{n-1}} < \lambda/(x_{t_1}, x_{t_2}, \cdots, x_{t_{n-1}}))$$
$$= \varphi(t_{n-1}, t_n, \lambda + x_{t_{n-1}} - x_{t_{n-1}}) = \varphi(t_{n-1}, t_n, \lambda),$$

すなわち $(x_{t_1}, x_{t_2}, \cdots, x_{t_{n-1}})$ の定まった時の $x_{t_n} - x_{t_{n-1}} < \lambda$ の(条件付)確率が $(x_{t_1}, x_{t_2}, \cdots, x_{t_{n-1}})$ に関係しない．これは $x_{t_n} - x_{t_{n-1}}$ が $(x_{t_1}, x_{t_2}, \cdots, x_{t_{n-1}})$ と独立なることを意味する．

§37　時間的にも空間的にも一様なマルコフ過程(1)

本節では時間的にも空間的にも一様なマルコフ過程で $[0,1]$ 上の連続関数の空間 C_{01} を値域とするものを取り扱う．なお時点 0 においては $x_0 = 0$ とする．もう一度条件を明瞭に書くと

(1)　x はマルコフ過程 (C_{01}) である．

(2)　x は時間的にも空間的にも一様である．

(3)　$x_0 = 0$.

定理 37.1　上の三条件を満足するマルコフ過程の遷移確率 $P(t,s,\xi,E)$ は

(4)　$$P(t,s,\xi,E) = \int_E \frac{1}{\sqrt{2\pi(s-t)}\,\sigma} e^{-\frac{(\lambda-\xi-m(s-t))^2}{2(s-t)\sigma^2}} d\lambda$$

なる形であらわされる．

証明に先立って準備としてリヤプノフ(Liapounov)の定理を掲げる．

定理 37. 2　(リヤプノフの定理)　$\{x_{p_1}, x_{p_2}, \cdots, x_{pm_p}\}$ $(p=1,2,\cdots)$ なる確率変数の組の列があるとし，

(5)　$x_{p_1}, x_{p_2}, \cdots, x_{pm_p}$ は互いに独立である $(p=1,2,\cdots)$，

(6)　$|x_{p_1}|<a_p$, $|x_{p_2}|<a_p$, $\cdots$, $|x_{pm_p}|<a_p$ なる定数 a_p(p に関係してよい)が存在し，

(7)　$\dfrac{a_p}{\sigma\left(\sum_i x_{p_i}\right)}$ が，$p\to\infty$ の時，0 に収束する

ならば $\dfrac{\sum_i (x_{p_i}-m(x_{p_i}))}{\sigma\left(\sum_i x_{p_i}\right)}$ の確率法則は平均値 0，標準偏差 1 のガウス分布に収束する．

この定理は 24 節に述べた，中心極限定理の一般化であるが，証明はこれと全く同様であるから省略する．

註　$p\to\infty$ の時 x_p の確率法則がある $\mathbb{R}$-確率測度 P に収束する時，$\{x_p\}$ が P に法則収束するという．

定理 37. 1 の証明　定理 36. 1 によれば x_s-x_t の確率法則 $P_{x_s-x_t}$ が平均値 $m(s-t)$，標準偏差 $\sigma\sqrt{s-t}$ のガウス分布に従うことをいえばよい．

まず

$$x_1 - x_0 (= x_1)$$

がガウス分布に従うことを証明する．

$$E'_{mp} = \bigcap_{i=1}^{m} \left(|x_t - x_s| < \frac{1}{p},\ \ \frac{i-1}{m} \leqq s,\ t \leqq \frac{i}{m}\ (\text{ただし } t, s \text{ は有理数}) \right),$$

$m=2^n$ の時 E'_{mp} を E_{np} にてあらわすことにすると，仮定(1)により

(8)　$E_{1p}\subset E_{2p}\subset E_{3p}\subset\cdots\to\Omega$.

ゆえに

(9)　$P(E_{m_p p}) > 1-\dfrac{1}{p}$

なる m_p をとることができる．$E_p=E_{m_p p}$ とする．次に実確率変数 y_{pk} および y_p を次のごとく定義する．$(p=1,2,\cdots,\ k=1,2,\cdots,m_p)$

(10)　$\omega \in E_p$ ならば $y_{pk}(\omega) = x_{\frac{k}{m_p}}(\omega) - x_{\frac{k-1}{m_p}}(\omega)$,

(11)　$\omega \notin E_p$ ならば $y_{pk}(\omega) = 0$,

(12)　$y_p(\omega) = \sum_k y_{pk}(\omega)$.

しからば $\omega \in E_p$ に対して

(13)　$y_p(\omega) = x_1(\omega)$.

ゆえに

$$P(y_p \neq x_1) \leqq 1 - P(E_p) \leqq \frac{1}{p}.$$

すなわち $\{y_p\}$ は x_1 に確率収束する．従ってもちろん y_p は x_1 に法則収束する．

さて定義により，任意の $\omega \in \Omega$ に対して

(14)　$|y_{pk}(\omega)| < \frac{1}{p}$　$(k = 1, 2, \cdots, m_p)$

かつ x が空間的に一様なるマルコフ過程なることから $x_{\frac{k}{m_p}} - x_{\frac{k-1}{m_p}}$ $(k = 1, 2, \cdots, m_p)$ は独立であり，従って y_{pk} $(k = 1, 2, \cdots, m_p)$ が独立である．

1°　$\sigma\{y_p\} \to 0$ $(p \to \infty)$ の時．

ビヤンネメの不等式(定理 14.1)により

$$P(|y_p - m(y_p)| > t\sigma(y_p)) \leqq \frac{1}{t^2}$$

なるゆえ t および p を充分大きくとれば

$$P(|y_p - m(y_p)| > \varepsilon) < \delta.$$

ゆえに $y_p - m(y_p)$ は 0 に確率収束する．$\{m(y_p)\}$ の集積点の一つを m とし，$\{p\}$ の部分列 $\{p'\}$ をとって

(15)　$y_{p'} - m(y_{p'})$ が $x_1 - m$ に確率収束する

ようにできる．上に証明したごとく $y_p - m(y_p)$ は 0 に確率収束するからもちろん，$y_{p'} - m(y_{p'})$ も 0 に確率収束する．定義 7.1 のところで注意したことにより

(16)　$P(x_1 = m) = 1$.

この場合は x_1 が定数であって，x が確率過程と考え得ない場合であるが，強いていえば，x_1 は**平均値 m，標準偏差 0 のガウス分布**に従っているといえないこともない(ガウス分布の特性関数において $\sigma = 0$ とおいてみよ)．

2°　$\sigma(y_p)\to 0\,(p\to\infty)$ でない時には $\{p\}$ の適当の部分列 $\{p'\}$ をとり，$\sigma(y_{p'})\to d\,(0<d<\infty$ または $d=\infty)$ ならしめ得る．$\{y_{p'}\}$ を $\{y_p\}$ とかきなおしておく．リヤプノフの定理により，$z_p\equiv\dfrac{y_p-m(y_p)}{\sigma(y_p)}$ が平均値 0，標準偏差 1 のガウス分布に法則収束する．(かかるガウス分布を G にてあらわす．)

A　$d=\infty$ の場合 l を任意にとる時，充分大きい p に対しては $\sigma(y_p)>l$,

$$Q(y_p,l)\leqq Q(y_p,\sigma(y_p))=Q(z_p,1)=Q(Pz_p,1).$$

z_p が G に法則収束するから

$$\lim_{p\to\infty}Q(Pz_p,1)=Q(G,1)=\frac{1}{\sqrt{2\pi}}\int_{-\frac{1}{2}}^{\frac{1}{2}}e^{-\frac{\lambda^2}{2}}d\lambda.$$

y_p が x_1 に確率収束するから

$$\overline{\lim_{p\to\infty}}\,Q(y_p,l)\geqq Q\Big(x_1,\frac{l}{2}\Big).$$

$$(17)\quad Q\Big(x_1,\frac{l}{2}\Big)\leqq\frac{1}{\sqrt{2\pi}}\int_{-\frac{1}{2}}^{\frac{1}{2}}e^{-\frac{\lambda^2}{2}}d\lambda<1.$$

これは $l\to\infty$ の時 $Q\Big(x_1,\dfrac{l}{2}\Big)\to 1$ となる(Q の定義から直ちにわかる)ことと矛盾する．ゆえに $d=\infty$ は起り得ない．

B　$d\neq\infty$ の場合，$\{y_p\}$ の部分列 $\{y_{p'}\}$ をとり $m\{y_{p'}\}\to m$ ならしめる．$m\neq\pm\infty$ の時には，$z_{p'}=\dfrac{y_{p'}-m(y_{p'})}{\sigma(y_{p'})}$ は $\dfrac{x_1-m}{d}$ に確率収束する．$z_{p'}$ は G に法則収束するから $\dfrac{x_1-m}{d}$ の確率法則は G である．すなわち x_1 は平均値 m，標準偏差 d のガウス分布に従う．

$m=\infty$ ならば

$$\frac{x_1-m(y_{p'})}{\sigma(y_{p'})}-z_{p'}=\frac{x_1-y_{p'}}{\sigma(y_{p'})}$$

が 0 に確率収束するから，$\dfrac{x_1-m(y_{p'})}{\sigma(y_{p'})}$ も $z_{p'}$ と同じく G に法則収束する．G には不連続点がないから，

$$\lim_{p\to\infty}P\Big(\frac{x_1-m(y_{p'})}{\sigma(y_{p'})}\geqq 0\Big)=\int_0^{\infty}\frac{1}{\sqrt{2\pi}}e^{-\frac{\lambda^2}{2}}d\lambda=\frac{1}{2}.$$

従って

$$\lim_{p\to\infty}P(x_1\geqq m(y_{p'}))=\frac{1}{2}\quad\text{すなわち}\quad P(x_1=\infty)\equiv\frac{1}{2}.$$

これは矛盾である．同時に $m=-\infty$ も矛盾になる．

以上を総合して，x_1 がガウス分布に従うことを知る．同様に x_s-x_t もガ

ウス分布に従うことが証明できるが，それは仮定(2)により $s-t$ のみに依存する．その分布の平均値を m_{s-t}，標準偏差を σ_{s-t} とすれば，$s>u>t$ の時には

$$m_{s-u}+m_{u-t}=m_{s-t},\quad \sigma_{s-u}^2+\sigma_{u-t}^2=\sigma_{s-t}^2,$$

すなわち

$$m_\tau+m_{\tau'}=m_{\tau+\tau'},\quad \sigma_\tau^2+\sigma_{\tau'}^2=\sigma_{\tau+\tau'}^2.$$

x_s-x_t の分布法則は条件(1)により，s に関して連続なるゆえ，m_τ も σ_τ も τ に関して連続である．それゆえ

$$m_\tau=m\cdot\tau,\quad \sigma_\tau=\sigma\cdot\tau,$$

ここに m,σ は定数である．これで定理 37. 1 の証明は終った．

註　x_s-x_t がガウス分布に従うということは，時間的一様性の仮定がなくても導くことができる．このことに注意すれば，定理 37. 1 はもっと一般化されるが，それは省略する．

次に定理 37. 1 の逆を考察しよう．

定理 37. 3　条件(4)によって与えられた確率測度の系 $\{P(t,s,\xi,E)\}$ がある時，これを遷移確率にもち，(1), (2), (3) を満すようなマルコフ過程 (C_{01}) が存在する．

証明　まず $m=0,\sigma=1$ として証明する．36 節に述べたところにより，(4) を遷移確率に持つような空間的に一様なマルコフ過程 (F_{01}), x が存在する．この場合の確率空間を $(\Omega,\mathcal{F},P)$ としておこう．x を変形してマルコフ過程 (C_{01}) を作ろう．

第 1 段　任意に小なる正数 ε,η に対して，正数 $\delta(\varepsilon,\eta)$ が存在して $0<s-t<\delta(\varepsilon,\eta)$ なる限り

(18)　$P(|x_s-x_t|>\varepsilon)<\eta(s-t)$

なることを証明しよう．x の定義により

$$P(|x_s-x_t|>\varepsilon)=\int_{|\lambda|>\varepsilon}\frac{1}{\sqrt{2\pi(s-t)}}e^{-\frac{\lambda^2}{2(s-t)}}d\lambda=\int_\varepsilon^\infty\sqrt{\frac{2}{\pi}}e^{-\frac{\lambda^2}{2(s-t)}}\frac{d\lambda}{\sqrt{s-t}}$$

$$=\int_{\varepsilon/\sqrt{s-t}}^\infty\sqrt{\frac{2}{\pi}}e^{-\frac{\lambda^2}{2}}d\lambda.$$

しかるに

$$\int_a^\infty e^{-\frac{\lambda^2}{2}}d\lambda=\int_a^\infty e^{-\frac{\lambda^2}{2}}\Big(-\frac{1}{\lambda}\Big)(-\lambda\,d\lambda)=\Big[-\frac{1}{\lambda}e^{-\frac{\lambda^2}{2}}\Big]_a^\infty-\int_a^\infty\frac{1}{\lambda^2}e^{-\frac{\lambda^2}{2}}d\lambda\leqq\frac{1}{a}e^{-\frac{a^2}{2}}$$

ゆえに

$$P(|x_s-x_t|>\varepsilon)\leqq\sqrt{\frac{2}{\pi}}\frac{\sqrt{s-t}}{\varepsilon}\exp\Big(-\frac{\varepsilon^2}{2(s-t)}\Big)<C(s-t),$$

$$\Big(C=\sqrt{\frac{2}{\pi}}\frac{1}{\varepsilon\sqrt{s-t}}\exp\Big(-\frac{\varepsilon^2}{2(s-t)}\Big)\Big).$$

$|s-t|\to0$ の時 $C\to0$ なるゆえに $0<s-t<\delta(\varepsilon,\eta)$ なる限り(18)の成立するごとき $\delta(\varepsilon,\eta)$ は存在し，第1段の証明は終った．

第2段　第1段に定めた $\delta(\varepsilon,\eta)$ は $\eta<\dfrac{1}{2}$ に対しては，次の条件を満すことを証明する．

(19)　$0<s-t<\delta(\varepsilon,\eta)$ なる限り，$P(\sup_{r_i}|x_{r_i}-x_t|>2\varepsilon)\leqq2\eta(s-t)$，ただし $\{r_i\}$ は $[t,s]$ 内の有理数全体の集合であり，$\sup_{r_i}$ は r_i が区間 $[t,s]$ 内を動く時の上限を示す．

まず

(20)　$\sup_{r_i}|x_{r_i}-x_t|=\lim_{n\to\infty}\max_{1\leqq i\leqq n}|x_{r_i}-x_t|,$

ゆえに

(21)　$\Big(\sup_{r_i}|x_{r_i}-x_t|>2\varepsilon\Big)\subset\bigcup_{n=1}^\infty\Big(\max_{1\leqq i\leqq n}|x_{r_i}-x_t|>2\varepsilon\Big).$

上式の右辺の $\bigcup_{n=1}^\infty$ の右の集合(Ω の部分集合)は n と共に増大するから，

$$P\Big(\sup_{r_i}|x_{r_i}-x_t|>2\varepsilon\Big)\leqq\lim_{n\to\infty}P\Big(\max_{1\leqq i\leqq n}|x_{r_i}-x_t|>2\varepsilon\Big).$$

ゆえに(19)の代りに

(19′)　$P\Big(\max_{1\leqq i\leqq n}|x_{r_i}-x_t|>2\varepsilon\Big)\leqq2\eta(s-t)$

を証明すればよい．

$r_1,r_2,\cdots,r_n$ を小さい方から順にならべて，再び $r_1,r_2,\cdots,r_n$ と記す．

(22)　$A_k=(|x_{r_k}-x_t|>2\varepsilon)\bigcap_{1\leqq i\leqq k-1}(|x_{r_i}-x_t|\leqq2\varepsilon)$

　　(ただし $A_1=(|x_{r_1}-x_t|>2\varepsilon)$),

　$B_k=(|x_s-x_{r_k}|\leqq\varepsilon)$

とおけば，定理 36. 1 により

(23)　$P(A_k\cap B_k)=P(A_k)P(B_k).$

また

$$\bigcup_{k=1}^{n}(A_k\cap B_k)\subset(|x_s-x_t|>\varepsilon).$$

なお(22)により，$A_k\cap B_k\ (k=1,2,\cdots,n)$ は互いに共通点を持たないから

(24)　$P(|x_s-x_t|>\varepsilon)\geqq\sum_{k=1}^{n}P(A_k\cap B_k)=\sum_{k=1}^{n}P(A_k)P(B_k).$

第 1 段により

$$P(B_k)\geqq 1-\eta(s-t)\geqq 1-\frac{1}{2}\times 1=\frac{1}{2}\quad\left(\eta<\frac{1}{2}\text{ に注意}\right),$$

$$P(|x_s-x_t|>\varepsilon)<\eta(s-t)$$

なるゆえ

$$\sum_{k=1}^{n}P(A_k)<2\eta(s-t).$$

(22)により $A_k\ (k=1,2,\cdots,n)$ も共通点をもたないから $P\left(\bigcup_k A_k\right)<2\eta(s-t)$. これは(19′)式にほかならない.

第 3 段　$\{r_i\}$ を $[0,1]$ の上の有理数の集合とする時，$x_{r_i}(\omega)$ が r_i の関数として一様連続である確率が 1 であること，すなわち

(25)　$P\left(\bigcap_p\bigcup_q\bigcap_{|r_i-r_j|\leqq 1/q}\left(|x_{r_i}-x_{r_j}|<\frac{1}{p}\right)\right)=1$

なることを証明する．(25)の代りに

(26)　$P\left(\bigcup_q\bigcap_{|r_i-r_j|\leqq 1/q}\left(|x_{r_i}-x_{r_j}|<\frac{1}{p}\right)\right)=1,$

すなわち

(27)　$\lim_{q\to\infty}P\left(\bigcap_{|r_i-r_j|\leqq 1/q}\left(|x_{r_i}-x_{r_j}|<\frac{1}{p}\right)\right)=1,$

あるいは

(28)　$\lim_{q\to\infty}P\left(\bigcup_{|r_i-r_j|\leqq 1/q}\left(|x_{r_i}-x_{r_j}|\geqq\frac{1}{p}\right)\right)=0$

を証明すればよい.

今 $(0,1]$ を $\left(0,\dfrac{1}{q}\right), \left(\dfrac{1}{q},\dfrac{2}{q}\right), \cdots, \left(\dfrac{q-1}{q},1\right)$ なる n 個の区間に分ける時，r_i, r_j を含む区間の左端をそれぞれ α_i, α_j とすれば，$|r_i-r_j| \leqq \dfrac{1}{q}$ なる限り，$|\alpha_i-\alpha_j|=0$ または $\dfrac{1}{q}$ であって，また

$$|x_{r_i}-x_{r_j}| \leqq |x_{r_i}-x_{\alpha_i}|+|x_{r_j}-x_{\alpha_j}|+|x_{\alpha_i}-x_{\alpha_j}|$$

なるゆえ，

$$\bigcup_{|r_i-r_j|\leqq 1/q}\left(|x_{r_i}-x_{r_j}| \geqq \frac{1}{p}\right) \subset \bigcup_{k=1}^{q}\left(\sup_{(k-1)/q\leqq r_i\leqq k/q}|x_{r_i}-x_{(k-1)/q}| \geqq \frac{1}{3p}\right),$$

$$P\left(\bigcup_{|r_i-r_j|\leqq 1/q}\left(|x_{r_i}-x_{r_j}| \geqq \frac{1}{p}\right)\right) \leqq \sum_{k=1}^{q} P\left(\sup_{(k-1)/q\leqq r_i\leqq k/q}|x_{r_i}-x_{(k-1)/q}| \geqq \frac{1}{3p}\right).$$

第2段によれば，$\dfrac{1}{q}<\delta\left(\dfrac{1}{6p},\eta\right)$ なる q に対しては，右辺は $q\cdot 2\eta\dfrac{1}{q}=2\eta$ より小である．すなわち

$$P\left(\bigcup_{|r_i-r_j|\leqq 1/q}\left(|x_{r_i}-x_{r_j}| \geqq \frac{1}{p}\right)\right) < 2\eta.$$

η は任意に小さくとれるから，(28)は証明されたわけである．

第4段　$\{x_{r_i}\}$ が $P(\Omega')=1$ なる Ω' の上で r_i の関数として一様連続なことは第3段で示したから，$y_t(\omega)$ を

$$y_t(\omega)=\lim_{r_i\to t} x_{r_i}(\omega) \quad (\omega\in\Omega'),$$

$$y_t(\omega)=0 \qquad\qquad (\omega\notin\Omega')$$

によって定義すれば，y は $m=0$, $\sigma=1$ の時，求むるマルコフ過程 (C_{01}) である．

これで $m=0$, $\sigma=1$ の場合の証明は終ったが，一般の場合においては $z_t(\omega)=\sigma\cdot y_t(\omega)+m_t$ なる z が求むるものである．

§38　時間的にも空間的にも一様なマルコフ過程(2)

本節ではある意味で前と正反対のマルコフ過程を取り扱う．

定理 38.1　x を次の条件に適するマルコフ過程とする．

(1)　x は $(0,1)$ の上に定義され，高さ1の階段のみによって増加する階段関数(ただし右から連続とする)の集合 $(\mathfrak{S})$ を値域とする．

(2)　x は時間的にも空間的にも一様である．

(3)　$x_0=0$.

しからば x の遷移確率は

(4)　$$P(t,s,\xi,E)=\sum_{k+\xi\in E}e^{-(s-t)\alpha}\frac{((s-t)\alpha)^k}{k!}\quad (k,\xi \text{ は } 0 \text{ または自然数})$$

である．(ここに α は正の径数をあらわす．)

まず準備としてポアソンの小数の法則を証明する．

定理 38. 2 (ポアソンの小数の法則)　$\{x_{p1},x_{p2},\cdots,x_{pn(p)}\}$ $(p=1,2,\cdots)$ なる確率変数の組の列があるとし，

(5)　$x_{p1},x_{p2},\cdots,x_{pn(p)}$ は互いに独立 $(p=1,2,\cdots)$,

(6)　x_{pq} はすべて 0 または 1 をとる，

(7)　$\sum_{q=1}^{n(p)}m(x_{pq})\to\alpha\quad(p\to\infty)$,

(8)　$\max_{1\leqq q\leqq n(p)}m(x_{pq})\to 0\quad(p\to\infty)$

ならば $y_p\equiv\sum_{q=1}^{n(p)}x_{pq}$ は $p\to\infty$ の時，平均値 α のポアソン分布に法則収束する．

証明　$m(x_{pq})=m_{pq}$ と書けば(6)により

$$P(x_{pq}=1)=m_{pq},\quad P(x_{pq}=0)=1-m_{pq},$$
$$x_{pq}\text{ の特性関数 }=(1-m_{pq})+m_{pq}e^{iz}$$
$$=1+(e^{iz}-1)m_{pq}.$$

(5)により

$$y_p\text{ の特性関数}=\prod_{q=1}^{n(p)}(1+(e^{iz}-1)m_{pq}).$$

(7), (8)に注意して 24 節に用いた補助定理によれば，この右辺は $p\to\infty$ の時 $\exp\{\alpha(e^{iz}-1)\}$ に一様に収束する．ゆえに定理は証明された．

定理 38. 1 の証明　$t=\dfrac{n}{2^p}$ に対して x_t を $x_{p,n}$ にてあらわし，$y_{p,n}=\min(x_{p,n}-x_{p,n-1},1)$ とすれば，$y_{p,n}$ は前定理 38. 2 の条件(5), (6)を満している．また x が時間的に一様なことから，

(9)　$m(y_{p,n})$ は n に無関係である．

これを m_p と書く．$y_{p,n}$ の定義により

$$y_{p,n} \leqq y_{p+1,2n-1} + y_{p+1,2n}$$

なるゆえ

$$m_p = m(y_{p,n}) \leqq m(y_{p+1,2n-1}) + m(y_{p+1,2n}) = 2m_{p+1}.$$

ゆえに

$$2^p m_p \leqq 2^{p+1} m_{p+1}.$$

1°　$\lim\limits_{p\to\infty} 2^p m_p = \alpha < \infty$ の時．前定理により $\sum\limits_n y_{p,n}$ は $p\to\infty$ の時，平均値 α のポアソン分布に法則収束する．固定した ω に対しては $x_t(\omega)$ は充分小さい区間では階段は高々一つしかないから

$$\Omega = \bigcup_{q=1}^{\infty} \bigcap_{p=q}^{\infty} \Bigl(x_1 = \sum_n y_{p,n}\Bigr).$$

ゆえに $E_q = \bigcap\limits_{p=q}^{\infty} \Bigl(x_1 = \sum\limits_n y_{p,n}\Bigr)$ とすれば，$E_1 \subset E_2 \subset \cdots \to \Omega$．ゆえにある番号以後は $P(E_q)$ は充分1に近い．E_p 上では $x_1 = \sum\limits_n y_{p,n}$ なるゆえ，この右辺は x_1 に確率収束する．ゆえに x_1 もまた平均値 α のポアソン分布に従う．

2°　$\lim\limits_{p\to\infty} 2^p m_p = \infty$ の時．定義により $\lim\limits_{p\to\infty} m_p = 0$ である．ゆえに

$$\sigma^2\Bigl(\sum_n y_{p,n}\Bigr) = \sum_n \sigma^2(y_{p,n}) = 2^p m_p(1-m_p) \to \infty \quad (p\to\infty).$$

ゆえに中心極限定理により

(10)　$\left\{\dfrac{\sum\limits_n y_{p,n} - 2^p m_p}{\sqrt{2^p m_p(1-m_p)}}\right\}$ は平均値0，標準偏差1のガウス分布に法則収束する．

ゆえに

(11)　$P\Bigl(\sum\limits_n y_{p,n} > 2^p m_p\Bigr) \to \dfrac{1}{2} \quad (p\to\infty).$

任意の正数 M に対して p を充分大きくとれば $(2^p m_p > M)$，上の左辺は

(12)　$P\Bigl(\sum\limits_n y_{p,n} > M\Bigr)$

よりは小さい．p を限りなく大きくしてみれば

$$P(x_1 = \infty) = \frac{1}{2}.$$

これは矛盾である．ゆえに 2° の場合は生じない．

ゆえに x_1 がポアソン分布に従うことが証明できたが，これから，(4)を導くことは前節の定理 37. 1 と同様である．

次に定理 38. 1 の逆の定理を証明する．

定理 38. 3　遷移確率系として(4)をもち(1), (2), (3)を満すようなマルコフ過程が存在する．

証明　前節の定理 37. 3 と同様に，(2), (3), (4)を満すマルコフ過程 (F_{01}), x は存在するが，これから(1)を満すものを作るには次のごとくする．$\{t_i\}$ を $(0,1)$ の上でいたるところ稠密な数列とする．$x_{t_i}-x_{t_j}$ $(t_i>t_j)$ はポアソン分布に従うから $x_{t_i}-x_{t_j}$ は確率 1 をもって 0 または正整数をとる．$t_i>t_j$ なる組 $\{t_i,t_j\}$ は可算であるから，"すべての $t_i>t_j$ に対して $x_{t_i}-x_{t_j}$ が 0 または正整数となる確率" は 1 である．$y_t(\omega)=\lim\limits_{t_i\to t+0}x_{t_i}(\omega)$ とすれば y が求むるものである．

それを証明する方法は前節の場合と同様であるが，ただ次のことだけは注意を要する．

"y が $(0,1)$ の間で 2 以上の階段をもつ確率は 0 である．"

y が $(0,1)$ の間で 2 以上の階段をもつような ω の集合を Ω_0 とする．しからば

$$(13)\quad P(\Omega_0)\leqq\sum P\left(y_{\frac{i}{n}}-y_{\frac{i-1}{n}}\geqq 2\right)=n\left(1-e^{-\frac{1}{n}\alpha}-\frac{\alpha}{n}e^{-\frac{1}{n}\alpha}\right)=O\left(\frac{1}{n}\right)$$

であるから $P(\Omega_0)=0$.

§39　一般のマルコフ過程，定常確率過程

前 2 節において特殊なマルコフ過程について説明した．これはマルコフ過程論ではあたかもガウス分布やポアソン分布が $\mathbb{R}$-確率測度論において演ずるのと同様な働きをする．

今 x を 37 節のマルコフ過程において $m=0$, $\sigma=1$ と置いて得られるマルコフ過程とし，y_α を 38 節におけるごときマルコフ過程とし，x と y とが独立とする．しからば

$$x+y_\alpha\quad(t,\omega\text{ に対する値が } x_t(\omega)+y_{\alpha t}(\omega)\text{ なるごときもの})$$

も時間的にも空間的にも一様な確率過程である．

また $\alpha_1+\alpha_2+\cdots<\infty$ で $x, y_{\alpha_1}, y_{\alpha_2}, \cdots, y_{\alpha_n}, \cdots$ が独立ならば，$m, \sigma, \lambda_1, \lambda_2, \cdots$ を任意に与えて

$$m+\sigma x+\lambda_1 y_{\alpha_1}+\lambda_2 y_{\alpha_2}+\cdots$$

もまた同様である．

しからば一般に時間的にも空間的にも一様な確率測度はいかなるものであろうか．それは上の二種のものを積分的に組合せて得ることができる．それを詳しく論ずることはかなり難しい問題であって，最も一般の場合は P. Lévy によって解決された．

その場合，遷移確率は**無限に分解可能な確率測度**と称せられるもので，これはガウス分布，ポアソン分布，コーシー分布等はもちろん，もっとたくさんの重要な分布を特別の場合として持つものである．

定義 39. 1　$\mathbb{R}$-確率測度 P があって，任意の正数 n に対して

(1)　$P=P_n*P_n*\cdots*P_n$ (P_n の n 個)

なるような P_n が存在する時，P を**無限に分解可能**という．

註　もっと一般の仮定によっても定義することはできるが結局同じことになる．

系　時間的にも空間的にも一様なマルコフ過程の遷移確率は無限に分解可能である．

証明　x を問題のマルコフ過程とし，s, t を任意の2数とする．ただし $0<s<t<1$．s と t の間に n 等分点 $s=s_0<s_1<s_2<\cdots<s_n=t$ を入れる．

x は空間的に一様であるから $x_{s_i}-x_{s_{i-1}}$ $(i=1,2,\cdots,n)$ は独立．時間的に一様であるから，$x_{s_i}-x_{s_{i-1}}$ の確率法則は i に無関係．

これを P_n とすると，

(2)　$P_{x_{s_i}-x_{s_{i-1}}}=P_n*P_n*\cdots*P_n$ (P_n は n 個)

となり，定義の条件に合致する．

次に x を上のごときマルコフ過程とする．今 $y_t=\dfrac{x_t}{1+t}$ なる確率過程 y を作ると，これはもはや空間的に一様ではない．$t>s$ の時

$$(3)\quad y_t - y_s = \frac{x_t}{1+t} - \frac{x_s}{1+s} = \frac{(1+s)x_t - (1+t)x_s}{(1+t)(1+s)}$$
$$= \frac{(x_t - x_s)(1+s) + (s-t)x_s}{(1+t)(1+s)}$$
$$= \frac{(s-t)}{(1+t)(1+s)}x_s + \frac{1}{1+t}(x_t - x_s)$$

を見ればわかるように，$y_s=\lambda$ の時には $x_s=(1+s)\lambda$ であり，$x_s=(1+s)\lambda$ の仮定の下において $\frac{1}{1+t}(x_t-x_s)$ の確率法則は，無限に分解可能であるから，$y_s=\lambda$ の時 y_t-y_s の確率法則も無限に分解可能である．しかしこの法則は λ に関係する．$\lambda>0$ ならば左にずれ $\lambda<0$ ならば右にずれる．($\frac{s-t}{(1+t)(1+s)}<0$ なることに注意)．これは y が x のように空間的に一様ではなく，どちらかといえば**原点にひきよせられる傾向をもつ**ものであることを意味する．

今 x が 37 節の過程で $m=0$, $\sigma=1$ の場合ならば x_t-x_s は平均値 0，標準偏差 $\sqrt{t-s}$ をもつ確率法則に従う．これを $G^{*(t-s)}$ であらわす．(G は平均値 0，標準偏差 1 のガウス分布.) その意味はこうである．

$$(4)\quad x_t - x_s \text{ の特性関数} = e^{-\frac{t-s}{2}z^2} = \left(e^{-\frac{z^2}{2}}\right)^{t-s} = \left(\varphi_G(z)\right)^{(t-s)}.$$

n が正整数ならば

$$P_1 = P_2{}^{*n} \equiv \underbrace{P_2 * P_2 * \cdots * P_2}_{n}$$

の時には，P_1 の特性関数 $=P_2$ の特性関数の n 乗 ゆえに(4)のことを

$$P_{x_t-x_s} = G^{*(t-s)}$$

と書いてもよい．

(3)は次のごとく書きかえられる．

$$(5)\quad P_{(y_t-y_s)/y_s} = \frac{s-t}{1+t}y_s + \frac{1}{1+t}G^{*(t-s)}.$$

ここに $\lambda+\mu P$ (P は $\mathbb{R}$-確率測度) は x を P に従う確率変数とする時 $\lambda+\mu x$ の従うべき確率測度を意味する．(5)を象徴的に

$$(6)\quad P_{dy_s/y_s} = -\frac{ds}{1+t}y_s + \frac{1}{1+t}G^{*ds},$$

さらに

$$dy \sim -\frac{ds}{1+s}y + \frac{1}{1+s}G^{*ds}$$

と書いてもよかろう．また x を G に従う確率変数とすれば，$G^{*\alpha}$ は $\sqrt{\alpha}x$ が従う確率法則であるので $G^{*\alpha}=G\sqrt{\alpha}$ と書いてもよい．かくて

$$(7)\quad dy \sim -\frac{y}{1+s}ds + \frac{1}{1+s}G\sqrt{ds}$$

と書いても象徴的意味はある．これを y の遷移確率に関する式とすると偏微分方程式が得られる．これが**コルモゴロフの微分方程式**と称せられるものの一例である．(7)はある意味で dy の確率法則が平均値 $-\frac{y}{1+s}ds$，標準偏差 $\frac{1}{1+s}\sqrt{ds}$ なるガウス分布に従うことを意味している．

同様に $y_s=x_s{}^2$ の時には(x は37節の確率過程)

$$dy \sim ds + 2x\sqrt{ds} \quad \text{すなわち} \quad dy \sim ds + 2\sqrt{y}\sqrt{ds}.$$

一般に $y_s=\varphi(x_s)$ の時には

$$dy \sim \frac{1}{2}\varphi''(x)ds + \varphi'(x)\sqrt{ds},$$

すなわち

$$dy \sim \frac{1}{2}\varphi''(\varphi^{-1}(y))ds + \varphi'(\varphi^{-1}(y))\sqrt{ds}.$$

定常な確率変数列(34節)に相当するものが確率過程の場合にも考えられる．エルゴード定理に対応するものがA. Khintchine[2]によって得られ，J. L. Doob[1]が，これを厳密にした．これらについては付録2に掲げた文献について研究せられたい．

付録1

記　　号

集合の定義に関するもの

$\mathbb{R}$： 実数全体の集合.

$\mathbb{R}^n$： n 次元のベクトル空間にユークリッドの距離を入れたもの.

$\varnothing$： 空集合.

$\{a_1, a_2, \cdots, a_n\}$： $a_1, a_2, \cdots, a_n$ を元とする集合.

$E(\omega; C(\omega))$： $C(\omega)$ なる条件を成立せしめる ω の集合.

$E(f(\omega); C(\omega))$： $C(\omega)$ なる条件を成立せしめる ω に変換 f を施したものの集合.

$f(M)$： $E(f(\omega); \omega \in M)$ の意.

$f^{-1}(M)$： $E(\omega; f(\omega) \in M)$ の意.

区間 $[a, b)$： a, b が実数なるとき，a, b を端とする $\mathbb{R}$ の区間で，“[”は a で閉じていることを意味し，“)”は b で開いていることを示す．$[a, b]$，$(a, b]$，(a, b) 等も同様に理解する.

$E(-)\lambda$： $E(a-\lambda; a \in E)$ の意．同様に $E(\times)\lambda = E(\lambda a; a \in E)$，ただし，$\lambda$ は実数，E はあらかじめ与えられた $\mathbb{R}$ の部分集合とする.

$U(d, \varepsilon)$： 点 d の ε-近傍すなわち $E(d'; \rho(d, d') < \varepsilon)$，ただし，$d$ は ρ を距離とする距離空間の点，ε は正数とする.

集合間の関係に関するもの

$A \in B$： A は B の元である．A は B に属する.

$A \subset B$： A は B の部分集合である．A は B に含まれる.

$A \notin B$： $A \in B$ の否定.

$A \cup B$： A と B との和集合すなわち $E(\omega; \omega \in A$ または $\omega \in B)$.

$\bigcup_{k=1}^{n} A_k$： $A_1, A_2, \cdots, A_n$ の和集合．$\omega \in A_i\ (i = 1, 2, \cdots, n)$ のいずれか一つを成立せしめる ω の集合.

$\bigcup_{k=1}^{\infty} A_k$：$A_1, A_2, \cdots$ の和集合.

$\bigcup_{\beta \in B} A_\beta$：$\beta$ が B の中を動く時に得られるすべての A_β の和集合.

$\bigcup_{C(\beta)} A_\beta$：$C(\beta)$ を成立せしめる β に対応するすべての A_β の和集合.

$\cup(A_\beta; C(\beta))$：$\bigcup_{C(\beta)} A_\beta$ と同じ.

$A \cap B$ または AB：A と B との共通集合. $\cap$ に関しても 14 節ないし 19 節に類似の記号を用いる.

$A-B$：$E(\omega; \omega \in A, \omega \notin B)$.

$A \sim B$：$(A-B) \cup (B-A)$.

その他

$\sup_{x \in E} \varphi(x)$：$x$ が E の中を動く時の $\varphi(x)$ の上限(least upper bound).

$\sup_{C(x)} \varphi(x)$：$C(x)$ なる条件が成立するような x に対する $\varphi(x)$ の上限.

$\sup(\varphi(x); C(x))$：$\sup_{C(x)} \varphi(x)$ と同じ意

$\inf_{x \in E} \varphi(x)$：$x$ が E の中を動く時の $\varphi(x)$ の下限(greatest lower bound). 前二者に対応する記号は inf に関しても得られる.

$(x_\alpha; \alpha \in A)$：A の元 α に x_α を対応させる対応, 時には $\{x_\alpha\}$ とも書く. x_n と書けば第 n 項をあらわし, $\{x_n\}$ または $\{x_n; n=1,2,\cdots\}$ と書けば数列そのものをあらわす.

すべての $K \in E$ に対して, すべての $K(\in E)$ に対して：E に属するすべての K に対して.

すべての $K<0$ に対して, すべての $K(<0)$ に対して：すべての負数 K に対して.

Kolmogoroff[1]：[1]は文献(付録 2)の番号を示す.

付録2

文　献

本書に直接関係のあるもののみ掲ぐ.

末綱恕一：　確率論(岩波全書)

伏見康治：　確率論及統計論(河出書房，応用数学叢書第 8 巻)

宇野利雄：　数値計算論(岩波書店，解析数学叢書)

北川敏男：　独立確率変数の理論(綜合報告) I (日本数学物理学会誌第 14 巻第 3 号，昭和 15 年)，同 II (同上第 4 号，昭和 15 年)

吉田耕作：　エルゴード諸定理(綜合報告)(同上第 15 巻第 1 号，昭和 16 年)

G. D. Birkhoff [1] :　Proof of the ergodic theorem, Proc. Nat. Acad. U.S.A. vol. 18 (1932)

J. L. Doob [1] :　Stochastic processes depending on a continuous parameter, Trans. Am. Math. Soc. 42 (1937)

——— [2] :　Stochastic processes with an integral-valued parameter, Trans. Am. Math. Soc. 44 (1938)

A. Khintchine [1] :　Asymptotische Gesetze der Wahrscheinlichkeitsrechnung, Berlin (1933)

——— [2] :　Korrelationstheorie der stationären stochastischen Prozesse, Math. Ann. 109 (1934)

E. Hopf [1] :　Ergodentheorie (Erg. d. Math., Berlin, 1937)

A. Kolmogoroff [1] :　Grundbegriffe der Wahrscheinlichkeitsrechnung (Erg. d. Math., Berlin, 1933)

——— [2] :　Über die analytischen Methoden in der Wahrscheinlichkeitsrechnung, Math. Ann. 104 (1931)

P. Lévy [1] :　Théorie de l'addition des variables aléatoires, Paris (1937)

R. v. Mises [1] :　Wahrscheinlichkeitsrechnung (Vorlesungen aus dem Gebiet der angewandten Mathematik, Band I), Leipzig und Wien (1931)

S. Saks [1] :　Theory of the integral, Warsaw (1937)

付録3

表記，記号，簡単な修正について

新版を作成するにあたって，以下のような修正・訂正をおこなった．

（i） 数学書の日本語での表記法は，1940 年代後半頃から大きく変わった．第一に，「カタカナ」と「ひらがな」の使い方で，以前は現在とちょうど逆になっているので，この新版でも現在の流儀に全面的に改められている．また接続詞や熟語で現在はほとんど用いられていないものは，文章全体の調子を崩さないように注意しながら，かなにするか，今日普通に使われているものに変更されている．ただし，その範囲は最小限にとどめた．

（ii） 新版では，術語として出てくる人名は原則としてカタカナ書きに統一されている．それについては，岩波数学辞典第 3 版などにしたがった．ロシアの数学者の名前の表記も初版と違って最近の慣習に従って変更されている．たとえば Kolmogoroff, Markoff, Liapounoff, Khintchine 等は，Kolmogorov, Markov, Liapounov, Khinchin 等に変更されている．ただし文献として引用されるときは，著者自身が原論文で用いた方式，たとえば，Kolmogoroff[1]，Khintchine[1]等，がそのままに残されている．

(iii) 数学の術語の用い方，および記号で最近の慣習と違うものの一部は，伊藤清著『確率論』(岩波基礎数学選書，1991)を参考に修正されている．たとえば，可附番無限，函数，測度函数，確率分布，R-確率分布，関件，壔集合，収斂，殆ど確実に収斂，$\underline{|k}$，重畳，等はそれぞれ，可算無限，関数，測度，確率測度，$\mathbb{R}$-確率測度，関係，筒集合，収束，ほとん

ど確実に収束⟨概収束⟩，$k!$，たたみ込み，等に変更されている．これらに関連した同じ趣旨の変更がいくつかなされている．またチャップマン(Chapman)の等式は最近の習慣にしたがってチャップマン-コルモゴロフの等式に変更されている．

(iv)　初版の使い方とは違うが，ここでは空集合は常に $\varnothing$ で表わしている．

(v)　以下にのべることを除いて，数学的なことは誤植や不注意による間違いの修正以外，初版からの変更はない．

(1)　107 頁の定理 38.2 のポアソンの小数の法則は，定理 38.1 の証明で直接適用できるようにするために，伊藤清著『確率論』(前掲書)を参考にして，初版の原形よりやや一般化した形に変更されている．この変更は本質的ではなく形式的なもので，証明の方針も変更前のものと実質的に同じである．

(2)　38 頁のビヤンネメ(Bienaymé)の不等式はその頁の脚注にのべてあるように，今では通常チェビシェフ(Chebyshev)の不等式とよばれる．ビヤンネメはチェビシェフよりやや年長のフランスの解析学者である．1937 年のレヴィの本のように 1930 年代や 1940 年代に刊行されたいくつかの本では，この不等式を本書と同じようにビヤンネメの不等式または，ビヤンネメ-チェビシェフの不等式とよんでいる．

(3)　21 節ではマルコフ連鎖は広い意味に用いられているが，最近の本では，この術語は多くの場合，単純なマルコフ連鎖を指している．

概要とその背景

池田 信行

確率論の発展は，数学の他の分野に比べて，きわめてゆるやかであった．しかしながら 20 世紀の声を聞くとともに変化の兆しを見せる．1923 年に発表されたウィーナー(N. Wiener)の論文[W]につづき，1933 年にコルモゴロフ(A. N. Kolmogorov)の著書『確率論の基礎概念』[K,2]が現われ，一つの転機を迎えた．前者はいわゆるウィーナー測度の導入，後者は確率論の基礎を現代数学の一般的な考え方にとりこむというものであった．それにつづく 10 年間の発展を念頭に入れて，装いを新たにした確率論の基本的な考え方を紹介するために書かれたのが本書である．

最小限の予備知識を前提に，本書の前半(特に 1 章と 3 章)では，確率測度，確率変数列の収束，無限次元の確率測度の構成等を論じ，後半では，確率過程とくにマルコフ過程を考察するための準備を行った後に，話はブラウン運動(ウィーナー過程)やポアソン過程からさらに一般のマルコフ過程へと進んでいる．

この解説の目的は，本書の概要と特徴，およびそれらの背景になっている確率論の発展の様子をのべることである．本書の初版が刊行されて 60 年になるが，いまなお本書は現代にも通用する確率論の優れた入門書である．その入門書としての性格，位置づけについてもふれたい．

1. 19 世紀末までの確率論

古代ギリシャやエジプトの遺跡から，動物の骨から作ったサイコロの原形を連想させるものが見つかっている．また古代インドでは，いわゆる「つかみ取り」という遊びに興じていたと言われる．まず容器の中の小さな豆を手のひら一杯につかみ取り，その中からあらかじめ決められた数の豆を順次捨てていき，最後に何個の豆が残ったかを記録する．つぎに全部の豆を容器にもどし，同じことを何回も繰り返す．そうして得られる数列を使った遊びである．

これらの遊びでは，1回1回の結果は偶然に左右され，人々はなにが起きるかを事前に知ることはできない．ところが，何回も何回も同じことを繰り返すと，予想される結果のそれぞれが一定の比率で現われることを，彼らは経験として知っていたと思われる．

しかしながら，このような遊びの背後に潜む法則を数学の言葉で語るまでには長い長い年月が必要だった．このことに最初に成功したのは1654年のパスカルとフェルマの往復書簡であり，これが確率論の始まりと考えられている．彼らは，つぎにのべる「分配問題」に共同で取り組んだ．

> 「同じ力量をもつAとBの2人が，おのおのα円ずつ賭け，1回勝つと1点貰(もら)え，さらに競技を続けて先にn点を取ったほうが最終的な勝者となり2α円が貰えるとする．いまAがa点，Bがb点取った時に，都合により競技を中断した場合に，賭金2α円をどのように分配すれば公平であるか？　ただし，$a=0,1,\cdots,n-1$，$b=0,1,\cdots,n-1$である．」

この競技がある回数まで進んだときの，AとBの得点の組(a,b)は2次元格子$\mathbb{Z}^2$の点で表わされる．AとBは同じ力量をもつので，そのつぎの勝負の結果，2人の得点の組が$(a+1,b)$または$(a,b+1)$になる可能性はどちらも同じである．したがって，分配問題は，現代風に言えば，$\mathbb{Z}^2$の上で，毎回毎回現在いるところの右隣か真上の格子点のどちらかに同じ割合で動くランダムウォーク(酔歩)に関する問題である．

いま格子点の集合$D=\{(i,j);\, i,j=0,1,\cdots,n,\ (i,j)\neq(n,n)\}$とその境界$\partial D=(\partial D)_1\cup(\partial D)_2$を考える．ただし，$(\partial D)_1=\{(n,j);\, j=0,1,\cdots,n-1\}$，$(\partial D)_2=\{(i,n);\, i=0,1,\cdots,n-1\}$である．つぎに，$D$の中の格子点$(a,b)$から出発したランダムウォークの軌跡が$D$の境界$\partial D$に初めて到達するとき，その位置が$(\partial D)_1$にある確率を$h(a,b)$とする．そのとき問題の解答は，この$h(a,b)$

を用いて表わすことができる．ところが，この $h(a,b)$ は

$$h(a,b)=\frac{1}{2}\{h(a+1,b)+h(a,b+1)\},\quad (a,b)\in D\setminus\partial D,$$
$$h(a,b)=1,\quad (a,b)\in(\partial D)_1,\qquad h(a,b)=0,\quad (a,b)\in(\partial D)_2$$

をみたす．このような性質をもつ $h(a,b)$，$(a,b)\in D$ はランダムウォークに対する領域 D における調和関数とよばれる．パスカルは 2 項係数に関するパスカルの三角形を用いてこの調和関数を求めた．

つぎに $(\partial D)_1^*=\{(i,j);\, i=n,n+1,\cdots,2n-1,\ j=0,1,\cdots,n-1,\ i+j=2n-1\}$ とおく．D の中の格子点 (a,b) から出発したランダムウォークの軌跡が時刻 $(2n-1-(a+b))$ のとき $(\partial D)_1^*$ の中にいる確率を $p(a,b)$ で表わす．そのとき，フェルマは $h(a,b)$ が $p(a,b)$ に等しいことを指摘し，パスカルと同じ解答を得た．

その後，人々の関心はいろいろなランダムウォークの考察に向かう．なかでも，1 次元の対称なランダムウォーク，すなわち硬貨投げにおいて，その試行回数を大きくした時の状態がとくに注目された．

まずベルヌーイ(J. Bernoulli)が，たくさんの人が繰り返し硬貨を投げると，表と裏が出る回数の比率は大部分の人の場合に 1/2 に近いことを示す大数の弱法則(ベルヌーイの意味の大数の法則)を見つけた(本書，22 節の(7)式参照)．なお，ベルヌーイの著書のロシア語訳にコルモゴロフが寄せた序文を見ると，確率論らしい特徴を持った性質の解明は，このときから始まったとコルモゴロフは考えていたことがわかる．

つづいて，1718 年にはド・モアブル(A. de Moivre)が表と裏の比率が 1/2 のまわりに集まる様子をガウス分布の密度関数を用いて表わした(本書 3 節，例 2 および 24 節参照)．ちょうどこの頃，微積分学でスターリングの公式が確立され始めていた．ド・モアブルの成果はある時期忘れかけられていたが，1812 年のラプラス(P. S. Laplace)の著書『確率論——確率の解析的理論』[La]であらためて脚光を浴び，近年はド・モアブル-ラプラスの定理とよばれている(本書 24 節参照)．ラプラスは，その著書で確率論の多くの問題を差分方程式の言葉で言い表わし，母関数の方法を用いて系統的に議論した．ちなみにラプラスは，スターリングの公式そのものも Γ-関数の積分表示を用

いて示している([La] 33 節). これが今日漸近理論でラプラスの方法とよばれているものの原形である.

ラプラスの著書にみられるように，確率論は創成期には解析の諸問題と深く結びついて発展していた. その後いろいろの方向に広がるが，19 世紀の末まで，確率論は画期的な飛躍を迎えることなく，基本的にはラプラスの考えの枠の中にとどまっていた. しかもその影響は現在でも多くの入門書に残っている.

実は，ド・モアブル-ラプラスの定理で用いられた密度関数は，ラプラスの著書の刊行より少し前に，ガウス(C. F. Gauss)により用いられていた. それは観測や測量から得られた大量の資料の中に現われる誤差の散らばりの法則をのべるためであった.

2. 胎動から大きな飛躍へ

確率論がラプラスの束縛を離れ，新たな胎動を始める土台になったのは，測度論の基礎を確立させた，1902 年のルベーグ(H. Lebesgue)の論文である. その影響の下でボレル(E. Borel)は 1909 年の論文で，$[0,1)$ の上にルベーグ測度を考え，数論的な視点から考察を進めて，無限回の硬貨投げに対する大数の強法則を示した(本書 1 章 3 節の例および 4 章 22 節(8)式).

この成果はハウスドルフ(F. Hausdorff)，ハーディ(G. H. Hardy)，リトルウッド(J. E. Littlewood)等に引き継がれ，極限に近づく状態についての評価が精密化された. さらにシュタインハウス(H. Steinhaus)は 1923 年の論文で，ボレルの考えをより鮮明に整理して，無限回の硬貨投げを議論するための数学的な基礎をかため，重複対数の法則につながる研究に向かっている. これらの流れを踏まえて，1924 年にヒンチン(A. Khinchin)は硬貨投げの場合に重複対数の法則を示した(本書 29 節). なお，ボレルの結果を硬貨投げ以外の場合に拡張する研究は 1917 年にカンテリ(F. P. Cantelli)により始められている.

このように確率論の伝統的な様相を一新するような動きが絶え間なくつ

づく．この頃，これらと違う方向から，つぎの時代への踏み台となる激動がウィーナーによりもたらされた．彼の成果に到達するまでには，つぎにのべるような数多くの科学者達によって積み重ねられた長い歴史がある．

紀元前1世紀頃のローマの詩人であり哲学者である，ルクレチウス(Lucretius)は，朝日が差しこんだ窓辺で見られる，空中に乱舞する微粒子のジグザグ運動を論じた．このような現象に自然科学の光を当てたのは大英博物館の植物主任をしていたブラウン(R. Brown)である．

ブラウンは，1827年の夏3カ月間にわたり，水に浮かぶ花粉がはじけて飛び出した大量の微粒子の動きを観察した．この状態は肉眼で見ると単に水がにごっているだけであるが，顕微鏡で見ると微粒子がユラユラ動いていて，その軌跡はジグザグな曲線を描く．さらに彼の観察は水に浮かぶ多種多様な微粒子におよび，無機物でも十分小さければ同じジグザグ運動をすることを確認している．1828年に発表されたブラウンのこの観察結果についての報告は，当初社交界の話題にすらなったが，時とともに人々の関心も次第に薄らいでいった．しかしながら，19世紀後半になると再び注目を浴び始めた．

また1900年にはバシュリエ(L. Bachelier)が連続時間の確率過程を用いて，フランス国債のオプションの価格形成を説明した．その確率過程は，微粒子の運動を理想化したものと考えられる．ただし，彼の議論は，そのような確率過程の存在を暗黙の中に認めて話を進めたものである．

この微粒子の運動についての研究に，つぎの転機をもたらしたのはアインシュタイン(A. Einstein)である．彼はまだその存在に疑問の声が残っていた原子の存在を確かなものにすることをめざしていた．彼自身はブラウンの仕事に精通していたわけではないが，1905年に発表した論文でブラウンが観察した微粒子の運動に相当するものを，熱方程式を用いて理論的に解明し，原子の存在を結論づけた．翌1906年にはスモルコフスキー(M. Smoluchowski)も関連する成果を発表している．

ペラン(J. Perrin)は，その直後から精密な実験を繰り返し，アインシュタインの主張を確認し，実験的な側面からも原子の存在を確かなものにした．ペランの一連の研究成果は1913年に刊行された彼の著書『原子』[P]に詳しく紹介され，専門家以外にも広く知られるものになった．その後，この本にある半径 0.53 ミクロン(μm)(1 μm $=10^{-6}$ m)の乳香粒子を 30 秒ごとに観察した結果の写真が，ブラウン運動の説明にしばしば用いられている．さらにこの著書でペランは，実験結果を基礎にしてつぎのように要約できる内容の指摘をしている．

> 「運動の軌跡がジグザグだが折れ線に見えるのは，とびとびの時点で観測するためで，観測の間を細分すればそこにも全体と同じ事情が見られる．さらに細分を細かくして極限に近づけても折れ線の勾配も方向も極限を持たず，究極的には，軌跡は，数学者が言う，どの点でも接線を持たない関数と考えられ，また異なる時間区間における微粒子の挙動も互いに独立である．」

このような自然科学の発展を背景にして，このジグザグ運動を現代数学の中に位置づけたのは，冒頭にのべたように，ブラウンの観測から 1 世紀をへて 1923 年に発表された，ウィーナーの論文である．彼は，自伝によれば，ペランの見解に強い影響を受けて，ブラウン粒子の運動を理想化したものを数学の枠組みの中で構成することをめざした．そのために，統計力学におけるギブズ(W. Gibbs)の考えにならい，粒子の軌跡の集団に統計の概念を導入することを考えた．

実際，1923 年の論文において，彼は連続関数の空間 W を考え，ウィーナー測度とよばれる，無限次元のガウス測度 P^W を定義することに成功した(本書 6 章定理 37. 3 参照)．それは，各時間区間における増分は，平均 0 で，分散がその時間区間の長さで与えられるガウス分布にしたがい，さらに異なる時間区間における増分は互いに独立になるような測度である．しばしば，これらの W と P^W を組にした $\{W, P^W\}$ はウィーナー空間とよばれる．さらに彼は，ある集合 N が存在し $P^W(N)=0$ で，かつ N に含まれない W の任意の要素は各点で微分不可能であることを示した．

このウィーナーの成果により，先にのべたペランが指摘した微粒子の運動の軌跡の性質は，数学の枠組みの中に堅固な基盤をもつ事実になった．またバシュリエが国債のオプションの価格形成に対して議論の前提としたことも現代数学の話として保証された．

このとき以来，それまで確率論の中で有限次元のガウス分布が占めていた特別の地位は，ウィーナー測度にとって代わられ，確率論の研究の大きな流れは連続時間を持つ確率過程へと移っていく．このようにして，つぎの舞台を迎える大転換の幕はそれまで研究の中心であったロシアやヨーロッパから遠く離れたアメリカで29歳の若い数学者ウィーナーの手で開けられた．

3. コルモゴロフの公理系との関係

これまでにのべた20世紀になってからの激動の中に，若くして自らも身をおいていたコルモゴロフは，その頃，関係する数学者の間で知られ始めていたことを体系化し，確率論を公理的に基礎づけることをめざした．彼は，1929年に発表した短い論文でそのための第一歩を踏み出し，それから4年後の1933年に刊行された著書で，その目標を達成する．

まず，1929年の論文では，ルベーグによる測度論をできるだけ抽象的な枠組みにすることから始めている．つづいて，平均の概念を定義し，事象および確率変数の独立性の概念へと進む．

これらの課題を含め，確率論の一層の発展のために必要な概念や事実を簡潔にまとめ，小冊子(日本語訳で約100頁)にしたのが1933年の著書である．実際，確率測度の定義から始まり，事象，確率変数，確率変数列の種々の収束等の定義へとつづく．

それらに加えて，一般的な測度論の立場からそれまでは研究されることもなく，他の確率論の専門家も取り上げていない話題が論じられている．たとえば，1933年の著書の3章の話題は，今日コルモゴロフの拡張定理とよばれている，無限次元空間の確率測度の構成である．この成果は確率過程の理論の出発点として欠くことができない．さらにつぎの4章では期待値(平均)やよく知られたチェビシェフの不等式(ビヤンネメの不等式)の話へと移る．その後に4章5節でパラメータを含む確率変数の平均とパラメータについての微分の順序交換が論じられている．そこで得られた成果を用いた例として 1933 年のレオントヴィッチ(A. M. Leontovich)との共同の論文があげられている．

つづいて，コルモゴロフは 1933 年の著書の 5 章で，1930 年にニコディム(O. Nikodym)が一般化したラドン-ニコディムの定理を紹介し，それを基礎にして，簡単な場合に早くから用いられていた，条件付確率と条件付平均の概念を一般的な形で導入している．これらの概念は，1930 年代から現在にかけて次第に確率論の中心的な話題に成長していくマルコフ過程やマルチンゲールの考察に欠かせない．

なお，コルモゴロフは，この著書ではウィーナー測度については直接触れていないが，先にのべたレオントヴィッチとの共同の論文では，ブラウン運動の軌跡の動きを直接反映する性質を論じている．実際，単位円盤の中心が 2 次元ブラウン運動の軌跡に沿って動くとき，時刻 t までに円盤によって占有される図形の面積のウィーナー測度 P^W による平均が考察されている．

この解説のはじめにのべたように，本書『確率論の基礎』の第一の目的は，できるだけ少ない予備知識で，しかも他の本や論文を参考にしなくても読むことができる形で，コルモゴロフの 1933 年の著書で確立された基礎事項を紹介し，確率論の新しい姿を示すことであった．実際，本書の 1 章と 3 章および 2 章と 4 章の一部が，この目的のためにあてられている．

4. 変貌する確率論

本書のおもに後半ではまず，1920 年代の確率論研究の成果や，コルモゴロフの著書で示された考え方に触発されて 1930 年代から 40 年代初頭までに得られた成果等を学ぶために必要になる準備が，コルモゴロフが提唱した枠組みにしたがって行われている．さらにそれらを踏まえて，当時知られていた成果の中で特に基礎的ないくつかの事実が紹介されている．このことについて，少しおさらいしておこう．

コルモゴロフは，確率論の公理系の整備と並行して，1931 年に発表した論文[K,1]で，軌跡が現在どこにいるかを指定したときに将来の状態を決める確率法則が軌跡の過去の動きに関係しないような模型の考察を進めた．マルコフ過程とよばれるこの模型の特徴づけのために，彼は1928年のチャップマン(S. Chapman)の論文にならって推移確率(遷移確率)とよばれる確率測度の系を用いた(本書6章36節参照)．

最も典型的なマルコフ過程はブラウン運動であり，その推移確率は熱方程式の基本解，すなわちガウス核で与えられる．このことを一般化して，極限定理の理論で広く用いられている条件に類似した条件のもとで，軌跡が連続なマルコフ過程は(退化した場合もこめて)2階の楕円型偏微分作用素に対する発展方程式の基本解で特徴づけられることが，1931年のコルモゴロフの論文で示されている．したがって，この場合のマルコフ過程の研究は，偏微分方程式論と深く関連しているのみならず，その微分作用素の係数から導かれるリーマン計量やベクトル場を介して微分幾何学にもつながることがわかる．

ウィーナーは当時数学の広範な分野の課題に取り組んでいたが，ブラウン運動についても精力的に研究を続けている．たとえば一般化された調和解析の研究を進めたのもこの頃であり，1930年代の終わりにはウィーナー測度P^Wについて二乗可積分関数の直交展開に関連する話に取り組んでいる．

彼はまた1934年のペーリー(R. E. A. C. Paley)との共同の著書[PW]の最後の章で，大胆な言い方をすれば，ランダムな係数をもつフーリエ展開を用いてブラウン運動を構成している．彼らが議論の出発点としたのは，本書1章3節の例にあげられている一様分布である．

1872年にワイエルシュトラス(K. T. W. Weierstrass)は三角関数の無限和を用い，各点で微分不可能な連続関数の例を構成した．ウィーナー達の結果は，60年の歳月を経て，ワイエルシュトラスの方法と同じ考えが偶然的に変動する運動の解析に欠くことができないものとして再登場したことを示している．

また，早くから確率論に関心を示してきたレヴィ(P. Lévy)もまた，この時期に精力的な研究を続けている．それらの成果は1937年に刊行された彼の著書[Le]にまとめられ，それ以後の確率論の研究に大きな影響を与えた．一般に確率連続なマルコフ過程は時間的にも空間的にも一様で，軌跡が右連続で左極限を持つ場合にレヴィ過程とよばれる．

彼は，この著書で，レヴィ過程の軌跡を連続部分と飛躍で変化する成分に分解すればそれらは互いに独立であることを示し，さらに飛躍に関連した基本的な量による飛躍成分の表現を確立した．またこれらの結果を用いて，当時極限定理の理論で知られていた無限分解可能な確率測度のフーリエ変換の表示が導かれることを示した．

これらにとどまらず，当時の研究の発展は多様で，たとえばヒンチンは1933年の著書で極限定理を偏微分方程式論の視点から考察している．またこの頃コルモゴロフは，ペトロフスキー(I. G. Petrovsky)とピスクノフ(N. S. Piskunov)と共同で，生物の問題に関連した半線形拡散方程式の進行波の考察を行っている．この研究の成果は解析の広い分野の現代的な課題につながっているが，確率論とも深い関連がある．

さらにホップ(E. Hopf)は1937年の著書 “Ergodentheorie” でエルゴード性に関わる多様な話題を論じているが，その本の最後の章は負の定曲率をもつコンパクトな曲面上の測地流のエルゴード性に関連する議論にあてられている．その後もこの測地流はいろいろな立場から考察され，カオスとよばれている話題の典型的な例としてしばしば登場し，いわゆる撞球問題の研究の出発点になっている．

また1930年代の終わりには，ドゥーブ(J. Doob)は確率過程を論ずるときに避けて通れない種々の困難を解消するための基礎を確立した．さらにフェラー(W. Feller)はコルモゴロフが1931年の論文で提起したマルコフ過程の推移確率の構成をめざした．

1940年代になると，これら確率論の新しい流れは一層加速し大きな広がりをみせる．たとえば，この頃ウィーナーとコルモゴロフはそれぞれ別々に濾過(フィルタリング)と補間の問題の新たな方向の研究を開始した．レヴィは1940年に発表した論文で，20世紀後半の確率論の研究に大きな影響をおよぼした，ハール(A. Haar)のウェーブレット展開によるブラウン運動の構成や2次元ブラウン運動の軌跡の囲む面積の概念の導入に成功した．さらにブラウン運動の軌跡の種々の特性について個性豊かな研究を幅広く展開している．

この時期のもう一つの特徴は，面目を一新した確率論の研究を志した若い数学者達の成果が現われてくることである．この一連の動きの中で最初に現われたのが伊藤清による 1942 年に発表された，"On Stochastic Processes (I)" と題した論文[I,1]と「Markoff 過程ヲ定メル微分方程式」と題する論文[I,2]である．

これら 2 つの論文の目標は，コルモゴロフが 1931 年の論文で提起したマルコフ過程の構成を，レヴィが 1937 年の著書で用いた考えにならって，軌跡の言葉で実現することである．その第一段階として，最初の論文[I,1]において，レヴィが彼独特の論法を用いて示したレヴィ過程の表現を現代数学の様式にしたがって再構成している．この表現は，現在は通常，レヴィ-伊藤の表現とよばれている．

さらに，1946 年に発表された "On a Stochastic Integral Equation" と題する伊藤の論文[I,3]には，1942 年の最初の論文につづいて "On Stochastic Processes (II)" と題する論文が考えられていたことが説明されている．この論文では，粗っぽい言い方をすれば，軌跡が各時点で互いに独立なレヴィ過程を接線に持つマルコフ過程の構成が考えられていたと推察される．

しかしながら，その頃の社会的な状況から，この題の論文はその時点ではまだ発表されていなかった．この構想を現代数学の枠組みにしたがって論じた当時の論文としては，軌跡が連続の場合に限って考察し，しかも発表形式も準公式的な形式になっている，前述の伊藤の論文[I,2]だけである．ここでは確率積分や確率積分方程式等の概念が導入され，それらについての成果を基礎にして，ブラウン運動から出発してマルコフ過程の連続な軌跡が構成されている．

なお当初考えられた構想の全体像が論文の形で姿を現わすのは 1950 年を過ぎてからのことである．このようにして，ウィーナーにより始められた確率解析の第二幕は，当時の確率論研究の中心地との交流がほとんど途絶えていた日本で開けられたのである．

1942年の伊藤によるこれら2つの論文[I,1], [I,2]の発表の直後に，コルモゴロフとレヴィによる成果の影響を色濃く反映した形で，本としてまとめられたのが，1944年に刊行された本書である．このとき，伊藤は弱冠29歳である．本書と1933年のコルモゴロフの著書との重なる部分についてはすでにのべたが，残りの部分は，これから順次のべるようにコルモゴロフの著書の刊行の前後ほぼ20年間に得られた成果に関連した話題にあてられている．

本書の2章では，実確率変数と $\mathbb{R}^1$ 上の確率測度が詳しく論じられている．まず12, 13, 14節では $\mathbb{R}^1$ 上の確率測度全体の空間 $\mathfrak{M}$ に，1937年のレヴィの著書で論じられたレヴィの距離 ρ を導入し，確率測度の収束を距離空間 $\{\mathfrak{M}, \rho\}$ における収束としてとらえている．このように，ある空間上の確率測度全体のつくる空間に距離を導入する考えは，1950年代にプロホロフ(Yu. Prohorov)が完備可分な距離空間の場合に一般化して以来，その有用性が広く認められ活用されている．たとえば，先にのべたフーリエ展開によるブラウン運動の構成を改良し一般化するときも，この考えを有効に使うことができる．

さらに16, 17節では，確率測度の特性関数，すなわちフーリエ変換が取り上げられ，そこでは確率測度の収束を特性関数の言葉で特徴づける結果や確率測度のたたみ込みと特性関数との関連等，当時よく知られていた結果が紹介されている．

本書の4章では，大数の法則を中心にいわゆる極限定理が取り上げられている．22, 23節は大数の法則についての一般的な考え方と大数の弱法則をめぐる話にあてられている．24節では中心極限定理をめぐる話で，2章の結果を踏まえて，特性関数を用いる標準的な証明が紹介されている．よく知られているように，ド・モアブル-ラプラスの定理はこの定理の特別の場合である．

大数の強法則は1933年のコルモゴロフの著書では結果だけがのべられているが，本書では証明も含めて25節で論じられている．この証明はコルモゴロフの考えに沿うもので，そこではコルモゴロフの不等式が基本的な役割を果たす．この不等式の証明の基礎になる考えの原形は，コルモゴロフの22歳のときの論文に見られるが，この不等式の現在知られている形とその証明は，1928年にコルモゴロフが著した論文ではじめてのべられた．

その後この不等式はいろいろな方向に一般化され，多くの課題の考察で使われている．たとえば，先にのべた伊藤の論文[I,2]では確率積分で与えられる不定積分が連続な軌跡をもつことを示すために用いられている．大数の強法則の最も典型的な例は，ボレルが1909年に示した結果である．また本書の26,27節ではミーゼス(R. v. Mises)が無規則性とよんだ性質が論じられている．すでにのべたように，大数の強法則により，硬貨投げを表わす0と1を要素とする数列 $\{x_1, x_2, \cdots, x_n\}$ に対して $(x_1+x_2+\cdots+x_n)/n$ が $\dfrac{1}{2}$ に収束する．このことは，この数列で1と0の現われ方に規則性がなく，偶然的に決まることのあかしの一つと考えられている．

より詳しく，この数列の特徴を知るためにミーゼスは項位選出という部分列の選び方を導入し，その方法で得られた部分列に対する相対頻度が全体と同じである数列を無規則であるとよんだ．27節の定理27.1にのべられている極限定理はこの無規則性に関連している．

この議論では，現代風に言えば，マルチンゲール変換の典型的な例が用いられている．しかも，この極限定理の証明でも，大数の強法則の場合と同様に(一般化された)コルモゴロフの不等式が基本的な働きをしている(定理27.2)．

入門書では，無規則性の話が取り上げられる機会はそれほど多くないが，一般にマルチンゲール変換の概念は確率変数列の考察でしばしば使われている．

本書の5章で取り上げられている最初の課題は，条件付確率法則の厳密な定義で，これらは先にのべたドゥーブの結果をもとにして論じられている．つづいて，推移確率系を与えたときに対応する離散時間の単純マルコフ過程の存在が示されている．また条件付確率法則は6章の話を進めるためにも欠くことができない．

つぎの話題はエルゴード性に関するものである．最初に互いに独立でない確率変数列に対して，大数の強法則に相当することが有限個の値をとる単純マルコフ過程を用いて説明されている．つづいて，バーコフの個別エルゴード定理が紹介されている．これ以外のエルゴード性に関することは，本書ではいくつかの文献の引用にとどまっている．本書が刊行された頃の日本では，この本にのべられているような課題の他に，ガウス過程のエルゴード性等の研究が始まっていて，確率論のいろいろな話題とのつながりも知られ始めていた．

本書の最も顕著な特徴は 6 章に見られる．ここでの主題は連続時間の場合の確率過程である．その内容はつぎのように大別される．

(i)　確率過程の定義，

(ii)　マルコフ過程の定義と推移確率からの構成，

(iii) (a)　連続な軌跡を持ち，時間的にも空間的にも一様なマルコフ過程の特徴づけ(定理 37. 1)(これは本質的にブラウン運動である)，

(b)　ブラウン運動(ウィーナー測度)のガウス核からの構成，

(iv)　ポアソン過程の特徴づけとポアソン分布系からの構成(定理 38. 1, 38. 3)．

この(iii)の(a)と(iv)は先にのべたレヴィ-伊藤の表現の出発点になるものであり，(iii)の(a)の背後には，証明を見ればわかるように，中心極限定理が横たわっている．このことは，ブラウン粒子の運動の特性から熱方程式を導くアインシュタインの考えに深く関連している．(iv)もまた，証明を見ればわかるように，ポアソンの小数の法則がかかわっている．

この本の最後の節は，1937 年のレヴィの著書，および本書の刊行直前に発表された伊藤の 2 つの論文[I,1], [I,2]の成果を念頭に入れて，上の(iii), (iv)にのべた事実からレヴィ-伊藤の表現，伊藤の公式，確率微分方程式，さらに一般のマルコフ過程の構造へと進む道筋の説明にあてられている．ただしこの部分，とくに最後の 2 頁は，これまでとは調子が一変し，大胆な説明の仕方になっている．

しかしながら，考え方のみに注目すれば本節の筋書きは明快で，現在，確率解析とよばれている分野の始まりの頃の姿を知るのに大いに役立つ．たとえば，本書の最後の数行で，関数 ψ は $\mathbb{R}^1$ 上でなめらかとし，$\{W, P^W\}$ を 1 次元ウィーナー空間とすれば，$y(t)=\psi(w(t))$, $w\in W$ に対して

$$(1)\qquad dy(t) \sim \psi_x(w(t))\sqrt{dt} + \frac{1}{2}\psi_{xx}(w(t))dt,$$
$$\psi_x(x) = \frac{d}{dx}\psi(x), \quad \psi_{xx}(x) = \frac{d^2}{dx^2}\psi(x)$$

が成立し，さらに ψ が単調ならば

$$(2)\qquad dy(t) \sim \psi_x(\psi^{-1}(y(t)))\sqrt{dt} + \frac{1}{2}\psi_{xx}(\psi^{-1}(y(t)))dt$$

と書けることが説明されている．ここで記号 $\sim$ の意味は，この節の始めの部分に説明されている．これらの式(1)と(2)は伊藤の論文[I,2]の記号を用いれば，それぞれ

$$(3)\quad \psi(w(t)) - \psi(w(0)) = \int_0^t \psi_x(w(s))dw(s) + \frac{1}{2}\int_0^t \psi_{xx}(w(s))ds, \quad t \geqq 0,$$

$$(4)\quad y(t) - y(0) = \int_0^t a(y(s))dw(s) + \frac{1}{2}\int_0^t b(y(s))ds, \quad t \geqq 0$$

と表わされる．ただし(3)と(4)の右辺の第1項の積分は，伊藤の論文[I,2]で導入されたブラウン運動に関する確率積分である．ここで

$$(5)\qquad a(\psi(x)) = \psi_x(x), \quad b(\psi(x)) = \psi_{xx}(x)$$

である．現在は(3)と(4)の内容は，(1)と(2)により類似しているつぎの記号で表わされることが多い．

$$(6)\qquad d\psi(w(t)) = \psi_x(w(t))dw(t) + \frac{1}{2}\psi_{xx}(w(t))dt,$$

$$(7)\qquad dy(t) = a(y(t))dw(t) + \frac{1}{2}b(y(t))dt.$$

この(3)式は伊藤の論文[I,2]の7節に例3として，その証明もこめてのべられている．これが，今日広い分野で活用されている「伊藤の公式」の最初に現われた原形である．したがって，式(1)は伊藤の公式の別の書き方と考えることができる．

逆に，一般のなめらかな関数 $a(y), b(y)$ を係数にもつ(7)式を考えると，$y(t)$ についての方程式とみることができる．これはいわゆる確率微分方程式のもっとも簡単な場合の例である．上にのべたことは，a, b に対して，(5)をみたす単調関数 ψ が存在すれば，確率微分方程式(7)の解が座標変換で求まることを示している．

さらに，なめらかな 2 変数の関数 $\psi(x,t)$ を考えると(3)の証明と同じ方法で

$$
(8)\quad \psi(w(t),t)-\psi(w(0),0) = \int_0^t \psi_x(w(s),s)dw(s)+\int_0^t\left(\frac{1}{2}\psi_{xx}(w(s),s)+\psi_s(w(s),s)\right)ds, \quad t \geqq 0
$$

が示される．ここで

$$
\psi_x(x,t)=\frac{\partial}{\partial x}\psi(x,t), \quad \psi_{xx}(x,t)=\frac{\partial^2}{\partial x^2}\psi(x,t), \quad \psi_t(x,t)=\frac{\partial}{\partial t}\psi(x,t)
$$

である．

ちなみに，もしこの節の内容を 38 節までと同じような調子で紹介しようとすれば，6 章全体よりもはるかに多い頁数が必要と思われる．

5. 入門書としての位置づけ

これまで見てきたように，本書は刊行された当時は入門書というより，かぎりなく専門書に近いものであった．その頃，確率論は 1930 年代に引き続き急速に様相を変えている時期で，たとえば日本ではポテンシャル論にブラウン運動を用いる研究の端緒が開かれていた．アメリカのウィーナーの周辺では，日本とは情報の交換が絶えていたと思われるが，キャメロン(R. H. Cameron)とマーチン(M. Martin)が一連の共同の論文で，連続関数の空間上の変数変換に対するウィーナー測度を基準にしたヤコビ行列式の計算を開始していた．

またマーチン達とも交流をもっていたカッツ(M. Kac)は，ファインマン(R. P. Feynman)の径路積分の話を聴いたとき，のちにファインマン-カッツの公式とよばれる手法の考えにたどりつくきっかけとなった研究を始めていた．1930 年代の成果だけでなく，本書には，その刊行の前後に得られた，このような成果を学ぶときに基礎になることも数多く含まれている．

以上のことを総合するとわかるように，本書は測度論の初歩から始め現代確率論の基本を体系的に論じ，他の文献を参照することなく確率過程論の基礎を学び，さらに当時の最先端の話題へと進む道を用意していた．その頃の日本では，そのような本は本書が唯一であった．それどころか，私が知るかぎりでは，国際的にもこの本に匹敵する内容を持つものは他にはなかったの

である．

なお1950年前後になると，このような事情は大きく変わる．まず，1948年に確率過程について論じたレヴィの著書，それにつづいて1950年にフェラーの著書『確率論とその応用』[F]が刊行される．さらに1953年には “Stochastic Processes” と題するドゥーブの著書と岩波の現代数学シリーズの1冊として伊藤の著書『確率論』が刊行される．レヴィの1948年の著書は，ブラウン運動やレヴィ過程等をはじめ確率過程を幅広く論じ，その後の確率論の研究に大きな影響を与えた本である．1953年のドゥーブと伊藤の著書はともに現代確率論の全般にわたる課題を基礎から最先端まで，現代数学の形式にしたがって，体系的に論じた最初の専門書であった．

それらとは違い，フェラーの本はランダムウォークを中心にした離散的な題材を用いて，ゆったりとした形式で書かれた分厚い入門書である．たとえば，その14章では対称なランダムウォークの再帰・非再帰についての1921年のポーヤ(G. Pólya)の結果が詳しく論じられている．この結果に対応するブラウン運動の性質は，ポテンシャル論にブラウン運動を用いる研究で基礎的な働きをする．また離散の場合の調和関数は，実質的にはパスカルやフェルマの話にすら用いられているが，フェラーの本では差分方程式を用いて，いろいろな場合に詳しく論じられている．現在よく知られているように，それらがブラウン運動の場合の調和関数と類似な役割を果たしている．

このように離散の場合を考察して，一般の場合の結果を推論する方法は確率論ではしばしば活用されている．また入門書では，準備のための基礎知識が少なくてすむので，離散的な場合のみにとどまっていることが多い．ところが一方で，事柄の本質的なことはブラウン運動のような連続な場合に，より鮮明に現われていることがしばしばである．したがって，初めて確率論を学ぶ人が，離散的な場合をおもに取り扱った入門書だけで現代的な課題を理解するために必要な知識を得ることは必ずしも容易でない．とくにフェラーの本と違って，扱われている題材がそれほど多くない入門書で学ぶときはとりわけ困難である．

一方，近年は応用の問題に主として関心がある人や確率論以外の数学の分野に取り組んでいる人にとっては，つぎに示す例のようにブラウン運動やマルコフ過程等，確率過程の話に直面することがしばしば起きる．しかも，多くの場合，それらはブラウン運動のように基礎的な確率過程であり，ある意味では極限として得られる理想状態を表わしている．そのような場合は話を広げないで，それらに直接関わることに限定して，確率過程自身から学び始めるほうが理解しやすく，目的に容易に近づくことができる．

たとえば，数学の多くの分野で，種数が 2 以上のコンパクトなリーマン面 M 上の考察が重要な役割を果たすことが広く知られている．しかも，それらの考察にはしばしば M 上のラプラス–ベルトラミ作用素が用いられる．ところが，この作用素に関連する性質を確率論の視点から考察するためには，ケルヴィンの鏡像の原理を念頭に入れれば，ポアンカレ上半平面 H^2 上のラプラス–ベルトラミ作用素に対応するマルコフ過程 $X(t)$ が話の土台になることがわかる．

いま，H^2 の座標を適当に決めれば，このマルコフ過程 $X(t)=(X^1(t), X^2(t))$ は 2 次元ウィーナー空間 $\{W, P^W\}$ (=1 次元ウィーナー空間の直積)で考えた確率微分方程式

$$
\begin{aligned}
&dX^1(t) = X^2(t)dw^1(t), \quad dX^2(t) = X^2(t)dw^2(t), \\
&(X^1(0), X^2(0)) = (x^1, x^2) \in H^2,\ w = (w^1, w^2) \in W
\end{aligned}
\tag{9}
$$

の解

$$
\begin{aligned}
X^1(t) &= x^1 + x^2 \int_0^t \exp[w^2(s) - s/2]dw^1(s), \\
X^2(t) &= x^2 \exp[w^2(t) - t/2], \quad x^1 \in \mathbb{R}^1,\ x^2 > 0
\end{aligned}
\tag{10}
$$

で与えられる．

一方，この第 2 成分と関連の深いマルコフ過程は数理ファイナンスの理論にも現われる．ファイナンスの理論で確率論的なモデルを用いる話は，前にのべたように遡(さかのぼ)ればバシュリエにたどりつく．彼はモデルとしてブラウン運動を用いたのに対し，ブラック(F. Black)とショールズ(M. Scholes)は，債権の価格 $\rho(t)$ と株価 $S(t)$ の変動を表わすモデルとして 1 次元ウィーナー空間 $\{W, P^W\}$ 上で

$$\rho(t)=\exp[rt],\quad S(t)=S(0)\exp[\sigma w(t)+\mu t]$$
（r,σ は正定数，μ は定数）

の形に表わされるマルコフ過程 $(\rho(t),S(t))$ を用いた．一般に，この第 2 成分の形の確率過程 $S(t)$ はドリフトをもつ幾何的ブラウン運動とよばれている．この $S(t)$ は確率微分方程式

$$dS(t)=\sigma S(t)dw(t)+\kappa S(t)dt,\quad \text{ただし，}\ \kappa\equiv\frac{\sigma^2}{2}+\mu$$

をみたす．このことは伊藤の公式(8)を用いると容易に示される．その特別の場合として(10)の第 2 式が(9)より導かれる．そのことと記号の意味から(9)の第 1 式より(10)の第 1 式がわかる．このように，これらの例に出てくる確率微分方程式や確率積分はいずれも，きわめて単純な形をしていて，本書の最後の節を厳密にした話の範囲内に出てくるものである．

なお数理ファイナンスの議論でも，上にのべた関係を考えにいれて，場合によっては $S(t)$ を単独で考えるのでなく，H^2 上のマルコフ過程 $X(t)=(X^1(t),X^2(t))$ の第 2 成分として捉えるほうが数学としてはわかりやすく，便利なこともある．

つぎに話を変えて，1 次元ウィーナー空間 $\{W,P^W\}$ の上で，正数 a に対して，

$$I(x,t)=\int_W \exp\left[-\frac{a^2}{2}\int_0^x w(y)^2dy-\frac{a}{2}\tanh(a^3t)w(x)^2\right]P^W(dw)$$

とおけば，

$$I(x,t)=(\cosh(a^3t))^{\frac{1}{2}}(\cosh(ax+a^3t))^{-\frac{1}{2}},\quad x\geqq 0$$

となる．

このことを示すには確率積分に関連する，前の例の議論で用いたことと同じ程度の範囲内の話に加えて，キャメロンとマーチンが 1940 年代に論じた W の上の変数変換の一連の研究で，最も簡単で典型的な線形の変数変換についての基礎的知識があれば十分である．いずれにしても，いま必要なことはすべて 1940 年代の前半に得られた成果である．それらに加えてマルチンゲールについての初歩の知識があれば，より好都合である．

いま

$$v(x) = -2\frac{\partial}{\partial x}\log I(x,0), \quad u(x) = -4\frac{\partial^2}{\partial x^2}\log I(x,t)$$

とおけば，直接計算からわかるように，$v(x)$ はリッカティ方程式

$$\frac{\partial v}{\partial x}(x) + v(x)^2 - a^2 = 0$$

をみたし，$u(x,t)$ は KdV 方程式

$$\frac{\partial u}{\partial t} = \frac{3}{2}\frac{\partial u}{\partial x} + \frac{1}{4}\frac{\partial^3 u}{\partial x^3}$$

の 1-ソリトン解である．これらはそれぞれ線形濾過(フィルタリング)とソリトンの話に出てくる一番簡単な例である．

ここに取り上げた例のように，数学や応用の現代的な課題でも話を単純な場合に限って考えると，非常に初期の頃から知られている基本的なことの範囲で見つかることが多い．確率積分や確率微分方程式については，幸いなことに，それらのことを知るためには本格的な専門書も，またそれらの理論が生まれた 1940 年代の原論文に直接帰る必要もない．本書に引き続き，たとえば 1969 年に刊行されたマッキーン(H. P. McKean)の著書などで学べば十分である．このようなことが，確率論を初めて学ぶための入門書として，本書が生きつづける理由の一つであろう．

本書によって，確率論の基本的な事実を，結論だけでなく証明もこめて全般に理解するためには，少なくとも微積分の話になじみがあることに加え，一歩一歩段階を踏んで議論を進めていく手続きに慣れていることが求められる．

しかしながら，これまでそのような環境や慣習にめぐり合う機会が少なかった人にとっては，最初は話の細部でなく筋書きを中心にして読み進むことにより，別の道が用意されている．

たとえば，本書により，大数の弱法則ではチェビシェフの不等式，大数の強法則ではコルモゴロフの不等式が基本的な働きをしていることがわかれば，これらの法則の結論だけを形式的に知る場合と比べて両者の違いを一層鮮明に理解できる．

また本書の定理 37.1 の証明で中心極限定理がどのような働きをしている

かを知れば，ブラウン運動を用いる考察とランダムウォークによる話の関係を具体的に思い描くことができる．

このように本書を筋書きの理解に重きをおいて読み進むことは，根気強い努力は求められるが，確率論の基礎的な事実を知るための第一歩としておおいに役に立つ．こうして本書で扱われていることの輪郭をつかんだ後に，知りたい課題についての細部に取り組むことにより，新たな展望が開けるであろう．

参考文献

[F]　W. Feller, An Introduction to Probability Theory and its Applications, Wiley, 1950;（日本語訳）確率論とその応用，上, 下，河田龍夫監訳，紀伊国屋書店

[I,1]　K. Itô, On Stochastic Processes (I), Japan. J. Math., **18**(1942), 261–301

[I,2]　伊藤清，全国紙上数学談話会，1077 巻(1942)，Kiyosi Itô, Selected Papers にこの論文の英語訳が含まれている．

[I,3]　K. Itô, On a Stochastic Integral Equation, Proc. Japan Acad., **22**(1946), 32–35

[K,1]　A. Kolmogoroff, Über die analytischen Methoden in der Wahrscheinlichkeitsrechnung, Math. Ann., **104**(1931), 415–458

[K,2]　A. Kolmogoroff, Grundbegriffe der Wahrscheinlichkeitsrechnung, Erg. d. Math., 1933;（日本語訳）確率論の基礎概念，根本伸司，一條洋訳，東京図書

[La]　P. S. Laplace, Théorie Analytique des Probabilités, 1982;（日本語訳）確率論――確率の解析的理論，伊藤清，樋口順四郎訳・解説，共立出版

[Le]　P. Lévy, Théorie de l'addition des variables aléatoires, Paris, 1937

[P]　J. Perrin, Le atomes, Librairie Felix Alcan, 1913;（英語訳）Atoms, Trans. by D. Li Hammick, Ox Bow Press;（日本語訳）原子，玉蟲文

一訳，岩波文庫

[PW] R. E. A. C. Paley - N. Wiener, Fourier transforms in the complex domain, Amer. Math. Soc. Coll. Publ., 1934

[W] N. Wiener, Differential spaces, J. Math. Phy., **2**(1923), 131–174

索　引

タ 行

ハ 行

マ 行

ヤ 行

ラ 行

■岩波オンデマンドブックス■

確率論の基礎　新版

2004年5月26日　第1刷発行
2015年9月4日　第9刷発行
2019年4月10日　オンデマンド版発行

著　者　伊藤　清（いとう きよし）

発行者　岡本　厚

発行所　株式会社　岩波書店
〒101-8002　東京都千代田区一ツ橋2-5-5
電話案内　03-5210-4000
http://www.iwanami.co.jp/

印刷／製本・法令印刷

ISBN 978-4-00-730867-3　　Printed in Japan